U0307086

中国大科学装置出版工程

A BLADE TO DECODE LIFE

NATIONAL FACILITY FOR PROTEIN SCIENCE

解码生命的利器

国家蛋白质科学研究（上海）设施

雷鸣 主编

浙江出版联合集团
浙江教育出版社·杭州

本书编委会

主　编:雷　鸣

副主编:曹　禹

编　委:(按姓氏笔画排序)

于　洋　王超凡　邓　玮　孔亮亮

刘志军　许先慧　牟　波　李　娜

李　艳　吴　萍　汪利俊　张荣光

张蔚哲　周晓洁　姚德强　高　馨

唐雨钊　黄超兰　常晨晨　崔　瑛

屠书泱　彭　超

总 序

新一轮科技革命正蓬勃兴起，能否洞察科技发展的未来趋势，能否把握科技创新带来的发展机遇，将直接影响国家的兴衰。21世纪，中国面对重大发展机遇，正处在实施创新驱动发展战略、建设创新型国家、全面建成小康社会的关键时期和攻坚阶段。

科技创新、科学普及是实现国家创新发展的两翼。科学普及关乎大众的科技文化素养和经济社会发展，科学普及对创新驱动发展战略具有重大实践意义。当代科学普及更加重视公众的体验性参与。“公众”包括各方面社会群体，除科研机构和部门外，政府和企业中的决策及管理者、媒体工作者、各类创业者、科技成果用户等都在其中。任何一个群体的科学素质相对落后，都将成为创新驱动发展的“短板”。补齐“短板”，对于提升人力资源质量，推动“大众创业、万众创新”，助力创新型国家建设和全面建成小康社会，具有重要的战略意义。

科技工作者是科学技术知识的主要创造者，肩负着科学普及的使命与责任。作为国家战略科技力量，中国科学院始终把科学普及当作自己的重要使命，将其置于与科技创新同等重要的位置，并作为“率先行动”计划的重要举措。中国科学院拥有丰富的高端科技资源，包括以院士为代表的高水平专家队伍，以大科学工程为代表的高水平科研设施和成果，以国家科研科普基地为代表的高水平科普基地等。依托这些资源，中国科学院组织实施“高端科研资源科普化”计划，通过将科研资源转化为科普设施、科普产品、科普人才，普惠亿万公众。同时，中国科学院启动了“科学与中国”科学教育计划，力图将“高端科研资源科普化”的成果有效地服务于面向公众的科学教育，更有效地促进科教融合。

科学普及既要求传播科学知识、科学方法和科学精神，提高全民科学素养，又要求营造科学文化氛围，让科技创新引领社会持续健康发展。基于此，中国科学院联合浙江教育出版社启动了中国科学院“科学文化工程”——以中国科学院研究成果与专家团队为依托，以全面提升中国公民科学文化素养、服务科教兴国战略为目标的大型科学文化传播工程。按照受众不同，该工程分为“青少年科学教育”与“公民科学素养”两大系列，分别面向青少年群体和广大社会公众。

“青少年科学教育”系列，旨在以前沿科学研究成果为基础，打造代表国家水平、服务我国青少年科学教育的系列出版物，激发青少年学习科学的兴趣，帮助青少年了解基本的科研方法，引导青少年形成理性的科学思维。

“公民科学素养”系列，旨在帮助公民理解基本科学观点、理解科学方法、理解科学的社会意义，鼓励公民积极参与科学事务，从而不断提高公民自觉运用科学指导生产和生活的能力，进而促进效率提升与社会和谐。

未来一段时间内，中国科学院“科学文化工程”各系列图书将陆续面世。希望这些图书能够获得广大读者的接纳和认可，也希望通过中国科学院广大科技工作者的通力协作，使更多钱学森、华罗庚、陈景润、蒋筑英式的“科学偶像”为公众所熟悉，使求真精神、理性思维和科学道德得以充分弘扬，使科技工作者敢于探索、勇于创新的精神薪火永传。

中国科学院院长、党组书记 白春礼

2015年12月17日

前　言

蛋白质分子是我们这颗星球最鲜明、最独特的标志。借助现代星际旅行和天文观测技术，人们极目六合，求索多年，仍然未能发现第二颗拥有蛋白质的天体存在，而且这种情况即使并非永恒，也多半还要持续很长时间。作为微观世界中复杂与多样性的绝对王者，蛋白质分子拥有仅凭外观就令人眩晕的空间结构，进行着任何机械装置都难以企及的物理运转，催化着睥睨所有化工车间的精密化学反应，而这一切都是在大不过几纳米的空间与长不过数毫秒的时间内实现的。

在生命体中，蛋白质无处不在。作为生命活动的具体执行者，蛋白质与生命信息的记录者核酸一起，创造了草长莺飞的多彩世界。蛋白质的研究历程，可以说就是人类了解生命、追求健康的自我认知过程。在人类文明的初期，火的发现和利用催生了最古老的蛋白质加工技术——蛋白质加热变性。这是人类从茹毛饮血转向摄取熟食的革命性事件。用火烧这种在今天看来平淡无奇的烹饪方式，使得洪荒时期的人类可以获得更容易消化吸收的能量，同时大大降低了受到有害微生物侵袭的风险，从而给予了人类适应环境的巨大优势。可以说，这是我们最终得以走向进化顶端的关键一环。从那时起，人类就开始了探索蛋白质科学的伟大征途。通过发现蛋白质的化学本质、揭示蛋白质生物合成的奥秘、人工合成蛋白质、解析蛋白质的三维结构、实现蛋白质大规模生产等一系列科学研究，科学家们从蛋白质科学的必然王国一步步进入了自由王国，逐渐掌握了“蛋白质的产生—功能发挥—消亡”这一过程的机理，同时发现了蛋白质异常与多种重要疾病之间的关联，从而锁定了大量疾病的病因。

蛋白质研究中的每一次飞跃，依靠的都是科学家的不懈努力。尽管这些令人激动的突破发生在生命科学与医学领域，实际上也是在全面科学探索的基础上实现的，物理、化学、工程、计算科学等领域所形成的新技术在持续地推动着蛋白质科学的发展。如有机化学的发展使人类认识到蛋白质的本质是氨基酸的聚合链，X射线晶体学使蛋白质结构的研究第一次进入原子分辨率时代，现代计算机性能的突飞猛进帮助科学家开始尝试蛋白质结构的预测与动态模拟……因此，可以说一部蛋白质科学史同时也是一部人类分析仪器与技术的进化史。

随着21世纪进入第二个十年，蛋白质科学经过长时期的积累，又一次站在了大发现与大发明即将到来的历史大门前。如果说过去的研究工作的聚焦点在于帮助人类认识自身，那么这一次即将出现的突破会集中在人类改变命运的成就上。随着蛋白质在各种重大疾病中扮演的角色渐次揭示，如何利用蛋白质科学技术来改变疾病的进程成为下一个要解决的难题。与此同时，科学家认识到蛋白质异常不仅是导致疾病的原因，功能强大的蛋白质经过改造也可以成为对抗疾病的工具。多种蛋白质药物已经崭露头角，成为人类对抗疾病的新型武器。目前，蛋白质药物在全球销量最高的十种药物中已占据六席，而且对抗的都是诸如癌症、风湿病等高威胁疾病，可以说是不折不扣的“重磅炸弹”。

我国的蛋白质研究起步整体晚于欧美，虽然出现过人工全合成结晶牛胰岛素这样的世界级成就，但总体而言，我们这一领域的科研长期处于跟踪和学习世界领先国家的水平。随着我国综合国力逐步增强，科研投入不断加大，科研水平迅速提升，我国的蛋白质研究也取得了长足进步。为了让我国蛋白质科学研究事业获得强大且持久的技术推动力量，我国投入巨资建设了国家蛋白质科学研究（上海）设施。这是集蛋白质科学技术之大成的一个大科学装置。该装置既有观察蛋白质机器如何装配的“电子之眼”，又有发挥X射线“洪荒之力”一探蛋白质精细结构的光束线站，还有见微知著记录蛋白质“指纹”的质谱侦探仪器。凡此种种，不胜枚举，非只言片语所能尽述。为了让读者一窥国家蛋白质科学研究（上海）设施之真容，我们组织本装置专业技术人员完成了这样一部“自画像册”。希望用专业但不刻板、生动而不落俗套的语言，结合精美的画面、生动的视频，让读者了解国家蛋白质科学研究（上海）设施，了解科研工作者利用它所进行的科学探索，了解蛋白质这一将冰冷的行星变成生机勃勃的生命世界的独特物质的神奇。若能让蛋白质科研队伍因此而增添同行的旅者，则犹如采石得贝，我们会十分欢迎您的到来。

雷鸣 黄海

2017年11月

目录 CONTENTS

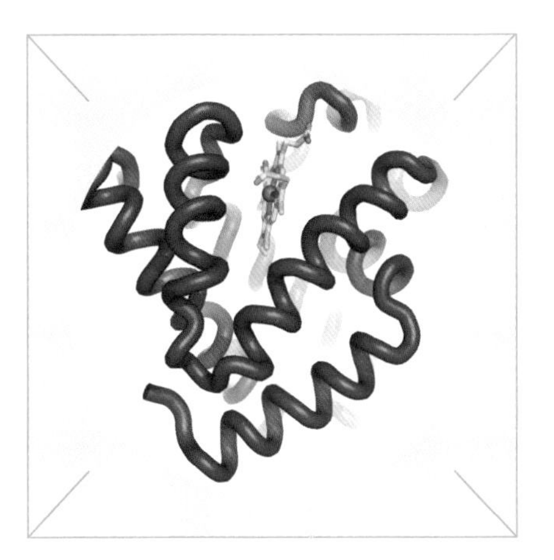

第一章 生命活动的执行者

对蛋白质的探索是人类认识世界过程中特别艰辛而又漫长的征途。以下的文字是一些旅者在路上匆匆写下的点滴心得，希望翻阅的人们能由此明白为什么蛋白质有如此大的魅力，值得几代科学家穷尽心智，只为让人类对它的理解能够增加一点点深度。

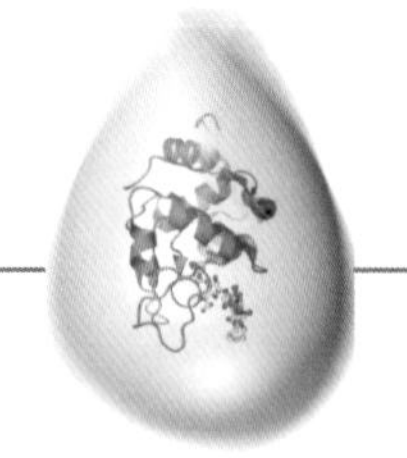

一滴眼泪中所能蕴含的蛋白质数量，远超我们的想象。

1 发现蛋白质

生命是行星环境发展演化的产物，是地球上最高级、最复杂的存在形式。生物体结构复杂，功能精巧，人类目前所能制造出来的最复杂的机器也无法与最简单的生命体相比。伟大的革命家、思想家恩格斯曾经说过："生命是蛋白体的存在方式，这个存在方式的基本因素在于和它周围的外部自然界的不断的新陈代谢，而且这种新陈代谢一停止，生命就随之停止，结果便是蛋白质的分解。"蛋白质是生命的核心物质之一。作为生命活动的主要承担者，蛋白质执行着生命的一切主要机能：代谢、运动、应激、繁殖等。我们在现实生活中直观感受到的一系列复杂多样的

图1-1 生命的形式纷繁复杂

生命形式都与蛋白质的表现密不可分。例如，生长在同一片土地上的植物会表现出高低、大小不一的性状；人类从出生开始就不可避免地在经历生老病死；同一种生物有的大，有的小，有的白，有的黑；看起来一样的两个生命形式，实际可能千差万别。

蛋白质是生命体最主要的组成部分，在人体中，除去约占总质量70%的水，剩余的干物质中约有 $\frac{2}{3}$ 是蛋白质。生物信息学研究的结果显示，人体中存在着超过两万种不同的蛋白质分子，它们在各自的岗位上兢兢业业地工作并协同运转，一旦其中任何一员发生结构或功能异常，就有可能导致生理功能的改变，进而引发异常或疾病。例如，有一类叫作原癌基因编码的多种蛋白质，在正常情况下是生理活动必需的分子，但是当它们出现了问题，如蛋白质生产过程中在某个部位发生了错误或者仅仅是产量有所提高，便很有可能变成非常危险的致病分子，引起细胞增殖的异常，从而导致肿瘤的产生。确保体内的蛋白质正常运转是维持身体健康的关键之一，这不仅包括每天要摄入适量的蛋白质，以确保生理过程所必需的各种酶、激素、神经递质、抗体等生产原料的供应，更重要的是要维持蛋白质的正常合成、功能行使与降解。因此，深入了解蛋白质这种复杂分子具有重要意义。

扫码看视频

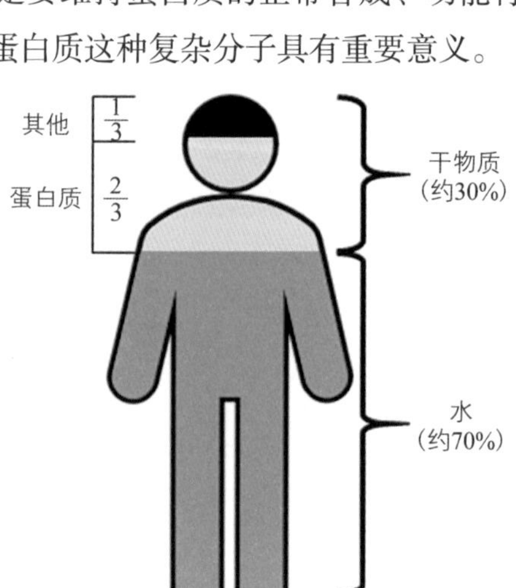

图1-2 人体中重要成分的比例

蛋白质是一种复杂的生物大分子，其基本组成单位是由基因编码的20种不同的氨基酸，氨基酸通过脱水缩合形成多肽链，而蛋白质正是由一条或数条多肽链组成的生物大分子。多肽链通过自身的有序折叠及特定的三维空间排列组成了形态各异、大小不一、功能多样的蛋白质，其中最小的一类蛋白质由十几个甚至几个氨基酸组成，例如肽类激素，而最大的蛋白质每条多肽链可以包含三万个以上的氨基酸。在形态上，纤维状蛋白身材轻盈，体态婀娜；球状蛋白盘旋折叠，圆润可爱；膜蛋白依赖性强，懒懒地附着在生物膜上……成千上万种蛋白质各司其职，缺一不可，它们或是构成生物体内不可或缺的基本组成物质，或是维持生命和刺激生长的重要催化剂，或是发挥免疫作用所必需的物质。

人类对蛋白质的发现和研究经历了一个漫长的过程，可以说，一部蛋白质科学史实际上就是一部人类征服自然的历史。

(1) 黑暗中的探索

蛋白质科学在人类还处于蒙昧时期便开始发挥巨大的威力，这一阶段的蛋白质研究尽管是被动和较为原始的，但作用不可忽视。最初人类与其他动物一样，仅仅具备从生的食物中摄取蛋白质的天然本能，然而，当人类学会使用火之后，便迅速掌握了对蛋白质进行加热变性这一突破性技术。加热变性后的蛋白质结构松散，更容易水解，可以迅速被消化系统吸收，同时加热大大降低了病原体污染引发疾病的概率。这不仅使得人类这个种群所获得的热量远超其他竞争者，能够支撑更高强度的体力活动以及更复杂的脑部思维，而且较少的疾病流行使得人类的寿命大幅延长，导致个体数量进一步壮大，同时较长的寿命也可以支撑更系统的知识与经验传承，因此这一突破被称为革命。中国古代劳动人民还创造性地利用蛋白质的物理性质和化学性质做出了一系列成果，例如利用蛋白质发酵技术使用大豆蛋白制成富含氨基酸小分子的调味剂，如酱油。当时人类并不知道蛋白质为何物，但这并不妨碍他们使用各种手段去获取或者改造蛋白质，从而改善人类的生存环境。

（2）曙光出现

在黑暗中摸索数千年之后，人类在化学、物理等学科上取得的突破为认识生命积累了大量的知识和技术，这使得全面地了解蛋白质成为可能。18世纪，法国化学家安东尼奥·弗朗索瓦（Antoine Fourcroy）和其他的一些研究者发现，用酸处理一些分子能够使其凝结或絮凝，当时他们注意到了蛋清、血液、血清白蛋白、纤维素和小麦面筋等里面的蛋白质。18世纪中期，荷兰化学家G. J. 米尔德（G. J. Mulder）从动物组织和植物抽提液中提取出了一种共同的物质，他认为这种物质存在于有机界的一切物质中。根据瑞典著名化学家贝采里乌斯（Berzelius）的提议，他们将这种物质命名为蛋白质。这一发现标志着蛋白质研究由被动的原始探索开始转变为主动的学术研究。米尔德进一步鉴定出蛋白质的降解产物，发现其中含有亮氨酸，并且得到它的相对分子质量为131。在科学家们的不断努力下，越来越多的氨基酸种类被识别。1902年，科学家们提出“相同或不同种类的氨基酸通过肽键相连形成了多肽链，一条或多条多肽链组成了蛋白质”的设想并进行了验证。直到1926年，蛋白质在有机体中承担的角色才由美国生物化学家詹姆斯·巴彻勒·萨姆纳（James Batcheller Sumner）完全揭示。他通过结晶实验第一次证明了在生命有机体中发挥重要功能的酶是一种蛋白质，由于这一重要发现，他获得了1946年诺贝尔化学奖。

早期人们在研究蛋白质的道路上遇到的最大困难，是难以通过纯化得到大量的蛋白质用于研究工作。因此，研究人员的研究对象主要集中于一些容易纯化的蛋白质，如血液、蛋清、各种毒素中的蛋白质等。20世纪50年代后期，美国一家肉类加工公司纯化出1千克纯的牛胰腺中的核糖核酸酶A，并免费提供给科学家进行研究，这一举措使得核糖核酸酶A在接下来的几十年里成为生物化学家的主要研究对象。

1952年，美国生物化学家斯坦利·科恩（Stanley Cohen）将肉瘤植入小鼠胚胎，发现小鼠交感神经纤维生长加快，神经节明显增大。直到1960年，人们才发现这是一种多肽在起作用，并将它称为神经生长因子（NGF）。20世纪60年代初期，多肽的研究出现了惊人的发展，多肽的结构分析、生物功能研究等都相继取得成果。1965年9月，来自中国科学院生物化学研究所、中国科学院有机化学研究所以及北京大学的科学家协作完成人工全合成结晶牛胰岛素，这是世界上第一次人工全合成与天然胰岛素分子相同化学结构并具有完整生物活性的蛋白质。这标志着人类在认识生命、探索生命奥秘的征途中迈出了关键性的一步，开辟了人工合成蛋白质的时代，在生命科学发展史上具有重大的意义。

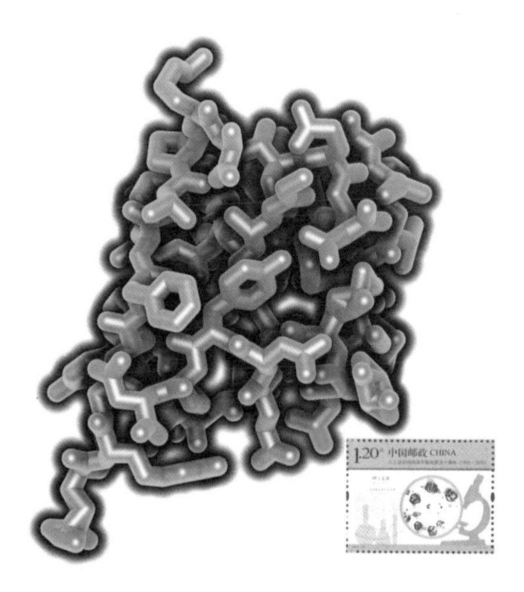

图1-3　1965年9月，中国科学家在世界上第一次人工全合成结晶牛胰岛素

1949年，英国生物化学家弗里德里克·桑格（Frederick Sanger）首次准确地测定了胰岛素的氨基酸序列。这是世界上第一个被准确测定序列的蛋白质，它也证实了蛋白质是由氨基酸所形成的线性（不具有分叉或其他形式）多聚体。1958年，英国生物学家通过X射线晶体学的方法，首次解析得到了血红蛋白和肌球蛋白的结构。随着生命科学的蓬勃发展，核磁共振和电子显微镜也被广泛地应用于蛋白质结构的解析。截至2017年12月，蛋白质数据库中已存有136000多个原子分辨率的蛋白质及其相关复合物的三维结构的信息，而研究蛋白质的结构及其与功能的关系已经成为当前生命科学的最前沿领域。

（3）未来已来

人类对生命的探索绝非只是为了满足自己的好奇心，而是希望能够创造更美好的未来。在对蛋白质及其参与生命活动的机制有了一定了解的基础上，科学家们开始有目的地对蛋白质分子进行工程改造，利用蛋白质的特点来更大程度地造福人类。在蛋白质科学与病理学、药理学等方面的研究中，科学家们逐渐认识到蛋白质不仅可能由于功能紊乱而引发疾病，其自身也可以变成对抗疾病的强力武器，抗体药物就是其中最具威力的一类。抗体是脊椎动物特有的防御性蛋白质分子，它可以利用分子特定部位中氨基酸排列组合的变化来实现近乎无限的目标识别，这使得抗体的医学应用潜力远远超过了小分子药物。虽然抗体药物开发还处于起步阶段，但它在对抗癌症、免疫性疾病等多种致命疾病中已经取得了亮眼的成绩，其中一个著名的案例来自PD-1抗体药物健痊得（Keytruda），它在治疗美国前总统卡特的疾病中发挥了作用。卡特在91岁高龄时罹患晚期黑色素瘤，手术后发现已经扩散至脑部，这是一种较为凶险的癌症，尤其对老年人而言，使用常规方法的生存率极低。在使用最新的抗体药物治疗4个月之后，卡特体内的癌细胞基本消失；7个月后，卡特停止了药物服用，宣布治疗成功。抗体在面对癌症这样的“疾病之王”时所展现的威力引起了医学界和制药企业的极大关注。其实，抗体药物的研发不过短短30年时间，与小分子药物研发相比还处于蹒跚学步的阶段，但是抗体药物已经占据了全球药物市场的三分之一，销量排名前十的药物中超过一半是抗体药物。这充分证明了蛋白质科学已经从基础研究逐步进入实用领域，而且未来将会更深远地影响我们的生活。

2 了解蛋白质

蛋白质的诞生是重要的生物合成过程，类似一栋大楼的建造。在这个过程中，从设计图纸到各种建筑原材料的准备，再到建筑工人的辛勤工作等要素缺一不可。蛋白质的生物合成是严格依据模板开展的，利用不同的模板，可以合成特异性的蛋白质，这个模板就是信使核糖核酸（mRNA）。mRNA是核糖核酸（RNA）的一种类型，在蛋白质合成过程中，通过对携带各种遗传信息的脱氧核糖核酸（DNA）分子进行转录，从而得到生物的各种mRNA模板，通过将模板翻译成蛋白质而体现出其特征性状。

在蛋白质合成过程中，必需的基本原料是氨基酸。氨基酸是一类同时含有氨基（$—NH_2$）和羧基（—COOH）的小分子有机化合物，它的核心组成元素为C、H、O、N，化学通式是$RCHNH_2COOH$。尽管在自然界中蛋白质可以以多种形式、不同性质和功能存在，但它们都是由20种基本氨基酸或其衍生物组合而成的。

蛋白质生物合成的基本过程不仅需要各种氨基酸原料和mRNA模板，还需要每种氨基酸对应的特异性搬运工具——转运核糖核酸（tRNA），tRNA是核糖核酸的一种类型。此外，核糖体作为使氨基酸互相缩合成多肽的组装机，也是合成蛋白质的基本要素之一。在蛋白质合成过程中，各种氨基酸在其各自的搬运工具tRNA的携带下，对mRNA的指令进行准确翻译，在mRNA与多个核糖体组成的多聚体上有秩序地依次互相连接，通过相邻氨基和羧基的脱水缩合形成肽键，进而以肽键相连生成具有特定氨基酸排列顺序的蛋白质。

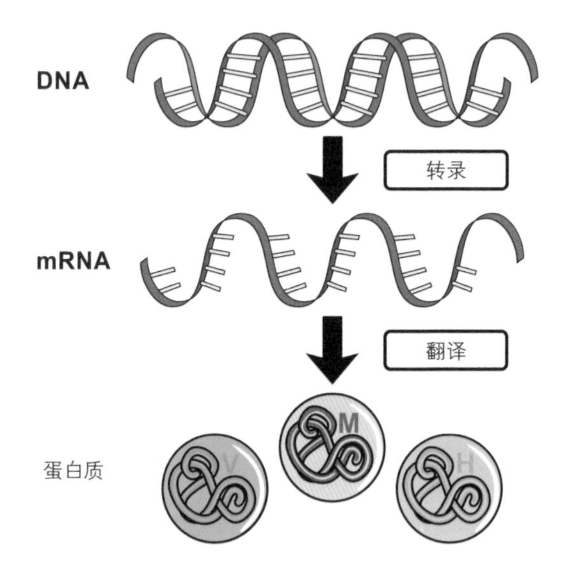

图1-4 蛋白质的生物合成

合成的新生蛋白质需要经过后期复杂的修饰过程，包括泛素化、磷酸化、糖基化、脂化、甲基化和乙酰化等，才能使其结构更为完整，功能更为完善，调节更为精细，作用更为专一。如蛋白质的泛素化对于细胞分化与凋亡、DNA修复等生理过程起着重要作用；细胞信号转导、神经活动、肌肉收缩以及细胞的增殖、发育和分化等生理病理过程离不开蛋白质的磷酸化；而糖基化在许多生物的生命活动，如免疫保护、病毒复制、细胞生长、炎症产生等过程中都起着重要的作用。因此，在生物体内，蛋白质的正确合成是多种要素互相协作、互相影响的结果。它对细胞发挥正常的活力至关重要，蛋白质合成异常会影响细胞的生理过程，甚至导致疾病的产生。

每一个正确合成的蛋白质都会在三维空间形成特定的排布方式，这种排布方式的体现我们称为蛋白质结构。科学家们通常将蛋白质结构分为一级结构、二级结构、三级结构和四级结构进行研究。蛋白质的一级结构指的是多肽链中氨基酸的线形序列。在蛋白质生物合成的过程中，氨基酸通过共价肽键相连形成了蛋白质的一级结构。蛋白质的一级结构由其对应的遗传基因序列决定，通过转录、翻译等一系列操作，特定的遗传基因被表达为特异性的蛋白质一级结构。对于生物体来说，每一个蛋白质的一级结构序列对于该蛋白质来说都是独一无二的，直接决定了它最终的结构和功能。

在蛋白质的一级结构序列的基础上，通过氨基酸分子间的氢键，多肽链骨架形成了高度规则的局部区域的亚结构，这种亚结构被称为蛋白质的二级结构。目前已知的两种主要类型的蛋白质的二级结构分别为α-螺旋和β-折叠（或片层），区分依据为分子间氢键形成的式样。在非特异性的疏水作用的推动下，单个或多个蛋白质分子多肽链的α-螺旋和β-折叠（或片层）形成紧密的三维结构。在这个过程中，疏水残基包埋进蛋白质内部，远离水分子，亲水残基分布于蛋白质的表面，亲近水分子。由于蛋白质分子内部特异性的相互作用，如氢键、盐桥、氨基酸侧链和二硫键的堆积等，蛋白质能以一种稳定的三维结构存在。

两条或两条以上的蛋白质分子多肽链通过共价键或二硫键作用而形成稳定的蛋白质复合物分子，被称为蛋白质的四级结构。蛋白质的四级结构有多种呈现方式，既可以是简单的二聚体，也可以是复杂而具有庞大相对分子质量的多聚体，还可以是蛋白质分子和核酸分子或其他各种辅基的复合物。蛋白质结构并不完全是刚性的，在生物体内，许多蛋白质在执行功能时，其三级结构或四级结构可以在不同的构象之间互相转换，进行结构重排，进而发挥不同的作用。人们熟知的运输钾、钠、钙等物质的离子通道，正是通过其结构的变化，控制离子通道的开闭，进而达到将目标离子进行跨膜运输的目的。

图1-5中所示菠菜光系统负责将恒星核聚变产生的光能最终转化为行星生命可利用的能量形式，因此是地球大多数生命的能量来源。上图中的蛋白质分子机器由50条蛋白质肽链、210个叶绿素分子、56个类胡萝卜素以及大量的有机小分子组成，是生命进化的杰作。下图左侧为产生卡律蝎毒素的以色列金蝎，这是一种剧毒动物，所产生的毒素混合物可造成剧烈的疼痛、肺水肿，甚至死亡；中间为卡律蝎毒素的结构；右侧为该毒素与处于细胞膜表面的钾离子通道的复合物结构，其中绿色的圆球为钾离子，蓝色的结构为钾离子通道，其上所覆盖的紫色结构为卡律蝎毒素。

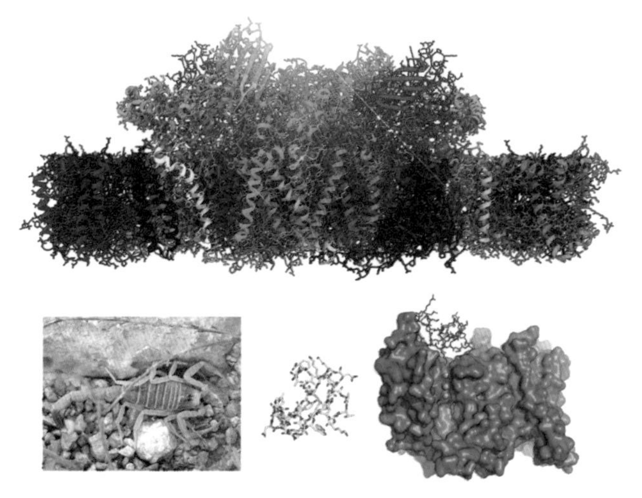

图1-5 上图为菠菜光系统Ⅱ-捕光复合物Ⅱ超级蛋白质复合体，下图为受到卡律蝎毒素阻断的钾离子通道

生物体内蛋白质无处不在，神经、肌肉、内脏、血液、骨骼甚至指甲和毛发中都有蛋白质。根据蛋白质发挥的不同功能，可以将其分为六类：结构蛋白、收缩蛋白、抗体蛋白、血液蛋白、

激素蛋白和酶蛋白。其中酶蛋白是生物体内最常见的蛋白质。它们催化细胞中的各类化学反应，如合成和水解反应、DNA复制与修复等，这种催化作用具有高度的专一性和高效性，目前已知酶催化的反应约有4000种。酶的催化能力惊人，举个例子，人体在正常饮食时需要利用消化道中的各种酶促进消化反应的进行，如果离开这些酶的催化作用，那么一个正常人在体温37℃的情况下大概需要50年的时间才能完全消化掉一顿简单的饭。激素蛋白是人体内分泌腺分泌的物质，它直接进入血液扩散到全身，对肌体的代谢、生长、发育、繁殖起重要的调节作用，包括甲状腺素、肾上腺素、胰岛素等。抗体蛋白的主要功能是抵御细菌和病毒等外来蛋白质的入侵，保护身体不受侵害，如用于治疗癌症的干扰素。不同功能的蛋白质在生物体内扮演着各自的角色，缺一不可。

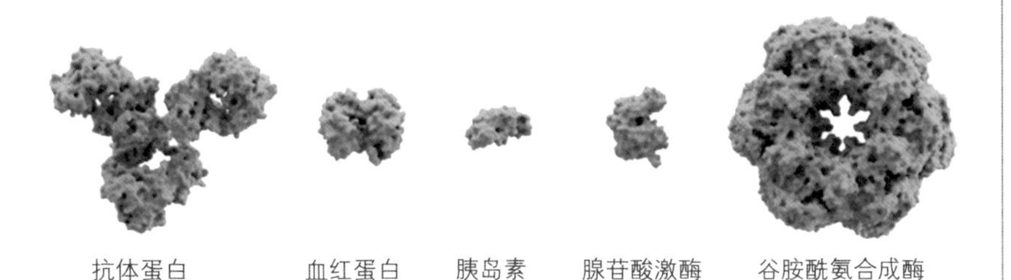

图1-6 生物体内不同类型、不同功能的蛋白质

蛋白质与人类健康关系密切。蛋白质在生命各项活动中的高参与度和活跃度决定了其与人类健康密不可分的关系，人类的很多疾病都是由于遗传基因突变导致编码的蛋白质功能异常造成的。人体的新陈代谢离不开酶的催化作用，编码酶蛋白的遗传基因发生突变或基因调控系统异常导致酶蛋白数量变化，都会引起先天性代谢紊乱，引发各种疾病。例如白化病是由于人体在合成黑色素的过程中酪氨酸酶缺失或活性下降，从而导致的黑色素合成障碍症；苯丙酮尿症是由于在苯丙氨酸代谢过程中缺乏苯丙氨

扫码看视频

酸羟化酶，使得苯丙氨酸不能转变成酪氨酸，导致苯丙氨酸及其酮酸蓄积，并从尿中大量排出；血友病是一组遗传性凝血功能障碍的出血性疾病，其共同特征是活性凝血活酶生成障碍，导致凝血时间延长。

正确的蛋白质结构是保证其正常行使功能的物质基础，如果生物蛋白质的天然结构发生错误，哪怕是极小的错误，都有可能改变整个蛋白质的性能，从而造成生物功能的巨大变化，甚至可能影响到生物个体的生存。例如人体红细胞中的血红蛋白是负责运输氧的一种蛋白质，在正常人体内组成血红蛋白的其中一个蛋白质亚基的第六位氨基酸是谷氨酸，而在有些人的体内，该氨基酸却突变为缬氨酸，这一突变直接导致红细胞的形状由健康的圆饼状变成镰刀状，这种镰刀状的红细胞不仅缺乏足够的携氧能力，而且会阻塞毛细血管，从而危及患者的生命。

随着生命科学的不断发展，人们对于蛋白质的研究已经精确到了原子水平。究其因才能研其果。蛋白质的结构决定了功能，而功能影响了健康，因此只有充分了解蛋白质及其工作网络和工作原理，才能从根源上预防或治疗很多由于蛋白质功能异常而导致的疾病。目前，获得蛋白质的三级结构或四级结构的信息的主要方法是X射线晶体学、核磁共振和冷冻电子显微镜。X射线晶体学是一种测定晶体中原子和分子结构的方法，在蛋白质数据库中，有近90%的蛋白质结构是通过X射线晶体学的方法得到的。在蛋白质结晶的状态下，通过X射线晶体学的方法解析得到蛋白质在三维空间的电子密度分布，进而确定其原子坐标，得到原子分辨率的蛋白质结构。核磁共振是一种用于获得溶液中蛋白质、核酸以及蛋白质和核酸复合物的结构与动力学信息的方法，目前在蛋白质数据库中约有9%的蛋白质三维结构是通过核磁共振的方法得到的。除了X射线晶体学和核磁共振的方法以外，近几年，冷冻电子显微镜方法在蛋白质研究中异军突起。冷冻电子显微镜是透射电子显微镜的一种形式，它是在低温状态下观察和解析天然环境中的蛋白质三维结构的方法。相较于X射线晶体学，它所研究的是天然环境中的蛋白质，而非结晶状态下的蛋白质，所以更接近生理环境。近几年，科学家们利用冷冻电子显微镜技术已经解析得到超大相对分子质量的原子分辨率水平的蛋白质复合物结构。1993年，美国科学家格雷戈里·佩茨科（Gregory Petsko）在《自然》（*Nature*）期刊组织的分子生物学国际学术讨论会上宣称：结构生物学的时代已经到来。如今，以研究蛋白质等大分子的结构和功能及其与疾病的关系为主的结构生物学已经成为生命科学研究领域的主力军。进入21世纪以来，各种病毒性传染病在全球肆虐，重症急性呼吸综合征（SARS）、甲型流感（禽流感）、埃博拉、寨卡等病毒先后侵袭人类。科学家经过不懈努力，成功解析出各种病毒的结构以及作用机理，不仅帮助人们了解了病毒的致病原因，有效地减轻了恐慌，更对防御病毒感染、研究新疫苗起到了重要的指导作用。

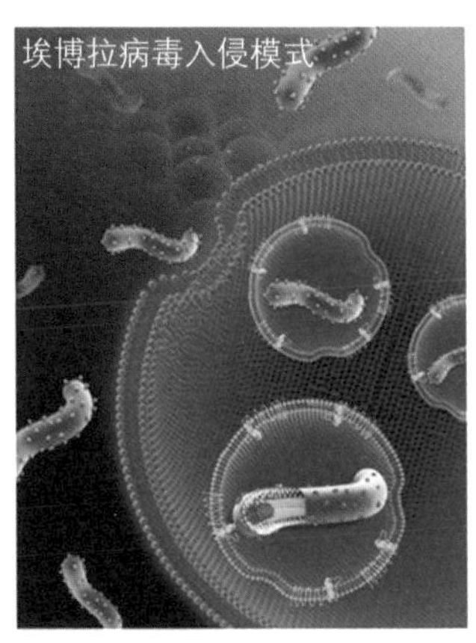

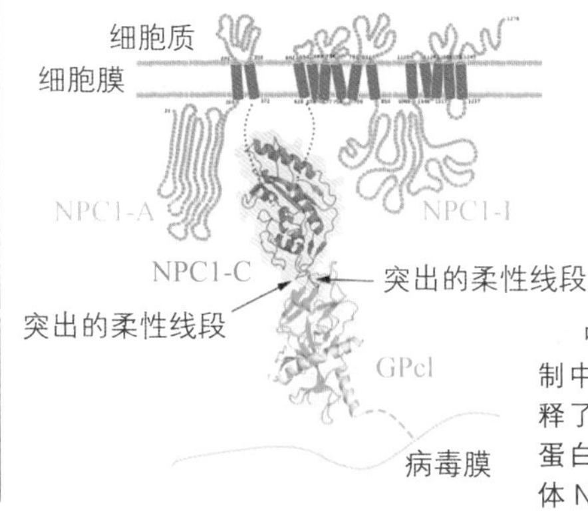

中国疾病预防控制中心研究人员阐释了埃博拉病毒糖蛋白结合内吞体受体NPC1的分子机制，为抗病毒药物研发提供了新靶点。

图1-7 埃博拉病毒

图1-8 天津大学生命科学学院研究人员揭示的寨卡病毒复制奥秘

③ 国家蛋白质科学研究（上海）设施的建成

生命科学研究关系着人类健康和社会的可持续发展，随着人类基因组计划的完成，生命科学进入了后基因组时代。探究基因组所蕴含的生物学意义，探索蛋白质的奥秘，已经成为全球生命科学研究的热点，也是国际生命科学的前沿领域和激烈竞争的制高点。

蛋白质是由基因编码、多种氨基酸聚合而成的生物大分子，是所有生命形式与生命活动的主要物质基础和功能执行者。蛋白质研究的突破有助于揭示生命现象的本质，从根本上阐明人类重大疾病的机理，为临床诊治提供新的方法和途径，并推动医药、生物能源、生物材料等新型生物技术产业的发展，前景无限。

十多年前，蛋白质科学就开始了生命科学领域的一场世界性角逐。我国在蛋白质科学研究领域虽然已取得一批达到国际一流水平的研究成果，但长期以来我国的蛋白质科学研究主要依赖于国外的技术与进口的技术装备。这严重地制约了我国在蛋白质科学领域的自主知识创新能力，也导致我们的蛋白质科学研究水平整体上落后于国际先进水平。科研基础设施建设滞后，是制约我国蛋白质科学发展的关键因素。

根据世界生命科学的发展趋势和国家的战略需求，针对我国的蛋白质科学研究现状和需求以及目前的研究技术条件，建设一个以先进的科学装置和大型设备为基础，以创新技术集成为中心，围绕蛋白质结构、功能及两者关系的具备大规模、复合型研究能力的国家级蛋白质科学研究设施迫在眉睫。

为此，我国中长期科技发展战略规划将蛋白质研究列为基础研究四大科学研究计划之一，蛋白质科学研究被列入《国家中长期科学和技术发展规划纲要（2006—2020年）》，建设蛋白质科学研究设施被纳入国家重大基础设施计划予以支持。2005年7月，经国家科技领导小组批准，蛋白质科学研究设施列入“十一五”国家重大科技基础设施。2008年11月14日，国家发展和改革委员会批复国家蛋白质科学研究设施项目，希望通过建设蛋白质科学研究设施，创建我国蛋白质科学研究和技术创新基地，形成具有国际一流水平和综合示范作用的蛋白质科学研究支撑体系，全面提升我国的蛋白质科学研究能力。这是我国生命科学领域第一个大科学工程项目。蛋白质科学研究设施分为上海和北京两部分，上海部分以发展蛋白质结构解析能力为主。

图1-9 2010年12月26日，国家蛋白质科学研究（上海）设施国家重大科技基础设施项目开工仪式

国家蛋白质科学研究（上海）设施（简称“上海设施”，英文全称为National Facility for Protein Science in Shanghai，缩写为NFPS）坐落于上海市浦东新区张江高科技园区，总建筑面积3.3万平方米，2009—2010年完成工程建设设计，2010年12月26日正式开工，2014年3月建成，同年5月进入试运行阶段，2015年7月28日通过国家验收，总投资7.56亿元。上海设施是全球生命科学领域首个以各种大型科学仪器和先进技术集成为核心的综合性大科学装置，集成了具有不同空间和时间分辨率的仪器和设备，形成了国际一流的蛋白质科学研究支撑体系，在分析精度、检测极限和处理通量上均取得了卓越成绩，其总体指标达到国际先进水平，部分指标达到国际领先水平。

图1-10 热火朝天的建筑工地

图1-11 国家蛋白质科学研究（上海）设施效果图

图1-12 2015年7月28日，国家蛋白质科学研究(上海)设施正式通过国家验收

图1-13 建成后的国家蛋白质科学研究（上海）设施实景图

图1-14 建成后的国家蛋白质科学研究(上海)设施实景图(位于上海光源的“五线六站”)

4 探索生命奥秘的国之利器

上海设施的科学目标是依托第三代同步辐射装置——上海光源，开展蛋白质结构生物学相关研究，分析蛋白质的修饰和相互作用，研究蛋白质的分子活体成像，阐释蛋白质与化学小分子之间的相互作用机理；以新药物靶点的发现为突破口，结合创新药物的发展，研究蛋白质药物新靶标的功能活动的结构特征，形成国际一流的蛋白质科学研究体系和我国蛋白质科学及技术的重要创新基地。上海设施将推动我国蛋白质科学技术完成从个别研究向整体研究、从定性研究向定量研究、从静态研究向动态研究、从离体研究向活体研究、从单一生命科学研究向跨学科交叉研究、从小规模单一型研究向大规模复合型研究、从主要依赖国外技术向自主创新七个方面的战略转变。

上海设施主要围绕蛋白质科学研究的前沿领域和我国生物医药、农业等产业发展需求，建设高通量、高精度、规模化的蛋白质制取与纯化、结构分析、功能研究等大型装置，实现技术与设备的集成化、通量化和信息化。上海设施建成了用于研究蛋白质结构的九大技术系统，包括规模化蛋白质制备系统、蛋白质晶体结构分析系统、蛋白质核磁共振分析系统、集成化电镜分析系统、蛋白质动态分析系统、质谱分析系统、复合激光显微镜系统、分子影像系统以及数据库与计算分析系统。其中，蛋白质晶体结构分析系统与蛋白质动态分析系统共五条光束线、六个实验站（简称“五线六站”）依托上海光源建设。各系统既具有相对独立性，又紧密联系、相互补充。各系统分别采用不同的手段，从不同的层次、尺度对蛋白质的结构和功能进行研究，相互结合和补充。

经过几年的不懈努力，我们实现了上海设施科学技术目标中所拟定的发展五种研究能力的目标。

第一，规模化蛋白质制备能力。建立和发展规模化的基因表达与蛋白质纯化的技术平台，建设从载体构建、转染、细胞培养、诱导表达到菌体破碎、产物抽提、蛋白质纯化、结晶等试验样品的全过程自动化、精密控制、规模化的蛋白质制备系统。自主研发了国内首套将软件控制、硬件设备和生物应用进行整合的规模化蛋白质制备系统，实现了蛋白质制备全流程的高度集成和流水线作业，在样品处理通量上超过半自动化系统10倍，超过传统的人工系统100倍，处于国际领先水平。

第二，多尺度结构分析能力。建立和发展从原子、分子到生物大分子复合体，从亚纳米到纳米、微米尺度等结构的研究平台，开展对蛋白质单分子元件及其复合体、膜蛋白复合体、蛋白质机器等超大分子复合体、细胞器结构等的综合研究。

第三，多层次动态研究能力。建立和发展包括小角X射线散射和红外光谱学在内的动态分析技术平台；建立和发展包括单分子技术、纳米技术、示踪技术以及分子标记技术等先进技术在内的分子影像技术平台；建立和发展包括细胞与活体层次在内的蛋白质结构与功能分析研究技术平台；开展对蛋白质折叠、转运、降解等分子活动过程，以及细胞信号转导等活体功能过程中的蛋白质的时空定位及其相互作用网络的研究。

第四，蛋白质修饰与相互作用分析能力。建立和发展规模化分离鉴定和高精度定量化检测蛋白质的研究平台，开展对细胞内成千上万种蛋白质的翻译、修饰及相互作用等动态行为的规模化定量研究。

第五，数据库与计算分析能力。建立和发展能进行海量实验数据搜集、分析与整合的数据软件系统，形成具有国际先进水平的国家蛋白质科学研究综合数据库；建立和发展高性能的计算与系统生物学技术条件平台；通过这两个部分构成一个完整的处理与计算中心，构建复杂生物系统的数学模型，并进行高效率蛋白质动力学特性分析、相互作用预测、分子设计、复杂生物系统模拟仿真等研究。

上海设施集先进科学装置和大型设备之大成，具有强大前沿科学和技术突破能力以及产业推动潜力，是国际上有重要影响的大型综合研究创新基地，是探索生命奥秘的国之利器。上海设施的建成引起了国内外同行的高度关注，为上海率先建成世界级蛋白质科学中心奠定了良好的基础。

扫码看视频

上海设施于2014年5月开放试运行，截至2017年12月，上海设施海科路园区和“五线六站”总计为用户提供有效机时35万小时，共收到用户申请3494份，服务实验人员达19575人次，已吸引了中国科学院研究院所、高等院校、国内国际医药和生物技术公司等195家单位的研究人员前来开展前沿科学研究，其中包括来自美国、英国、法国、西班牙、日本等国家的优秀科学家。设施用户、研究团队、技术团队已经取得了一系列重要科研成果，共发表SCI论文423篇，其中影响因子大于10的论文137篇，包括在《自然》《科学》(*Science*)、《细胞》(*Cell*)上发表论文25篇。其中，用户成果“剪接体高分辨率三维结构获解析”入选“2015年中国十大科技进展新闻”；用户成果“基于胆固醇代谢调控的肿瘤免疫治疗新方法”和“揭示RNA剪接的关键分子机制”均入选“2016年度中国科学十大进展”；用户成果“基于胆固醇代谢调控的肿瘤免疫治疗新方法”入选“2016年度中国生命科学领域十大进展”；用户成果“率先破解光合作用超分子结构之谜”入选“2016年中国十大科技进展新闻”；用户成果“埃博拉病毒入侵人体机制被破解”入选“2016年度中国医学科技十大新闻”和“2016年度中国生命科学领域十大进展”；用户成果“揭示Anti-CRISPR蛋白抑制SpyCas9活性的分子机制”入选“2017年度中国十大医学科技新闻”。上海设施在基础研究和应用研究中的科技支撑作用正日益凸显。

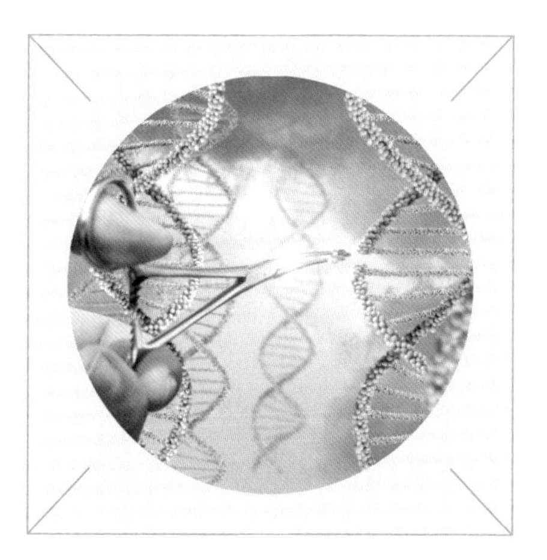

第二章 生命部件的智能车间

基因克隆技术的诞生带来了一场革命性的变化，这种技术可以让科学家自由地“裁剪”DNA片段和载体，形成新的重组质粒，再导入到大肠杆菌、酵母细胞或昆虫细胞等宿主细胞上。宿主细胞里面的基因被大量复制，并利用宿主细胞的表达系统进行重组的蛋白质表达。我们运用自动化机器人设备完成这一复杂过程，从而让科学家可以更快更深入地理解生命的本质。

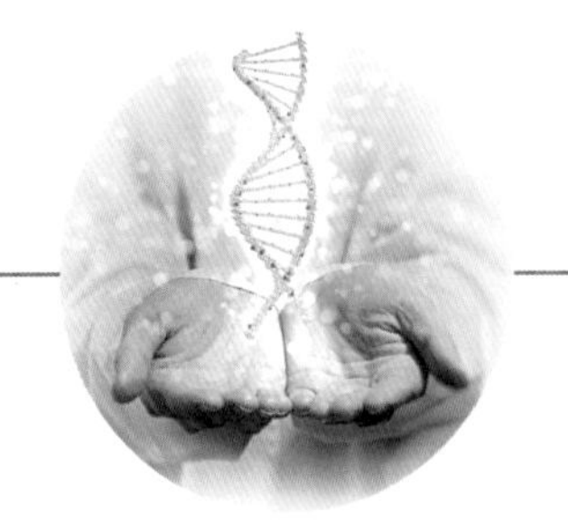

让我们一起来探索一下从基因克隆到蛋白质生产的奥秘吧！

1 神奇的“魔剪”：基因工程技术

（1）基因工程的诞生

基因工程技术诞生于20世纪70年代，是现代生命科学的核心技术，它的出现让人类认识生命现象的能力从宏观世界拓展到微观世界。人类从此可以利用这把神奇的“魔剪”，对生物的遗传物质DNA进行拼接和重组，改造出人类需要的基因产物。这么重要的技术成果是怎么出现的呢？这要从三大理论发现和三大技术发明说起。从20世纪40年代末到70年代初，生物学的基础理论有三大发现：第一个大发现是遗传的物质基础是DNA而不是蛋白质。1934年，奥斯瓦尔德·埃弗里（Oswald Avery）等人在美国的一次学术会议上报告了肺炎球菌的转化实验，并提出生命的遗传物质是DNA。第二个大发现当属DNA分子的双螺旋模型的提出和半保留复制机理的发现。1953年，詹姆斯·杜威·沃森（James Dewey Watson）

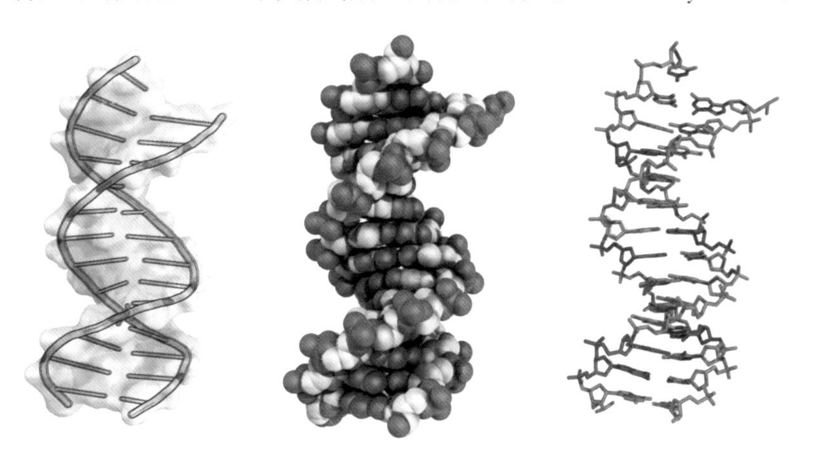

图2-1 DNA的双螺旋结构

和弗朗西斯·哈利·康普顿·克里克（Francis Harry Compton Crick）在英国剑桥老鹰酒吧宣布了这一重要发现，这是可以与达尔文的进化论和孟德尔的遗传法则相提并论的伟大成果，它使人们得以从分子的水平上解释各种遗传现象，沃森和克里克由此获得了1962年的诺贝尔生理学或医学奖。第三个大发现是遗传密码的破译。从1961年开始，以马歇尔·沃伦·尼伦伯格（Marshall Warren Nirenberg）为代表的一些科学家确定了遗传信息的传递是以遗传密码的方式进行的。到1964年，人类破译了全部64个密码子，并再次阐述了克里克提出的“中心法则”，表明遗传信息从DNA到RNA再到蛋白质的传递方式，从分子水平上彻底阐明了千百年来神秘的遗传现象。

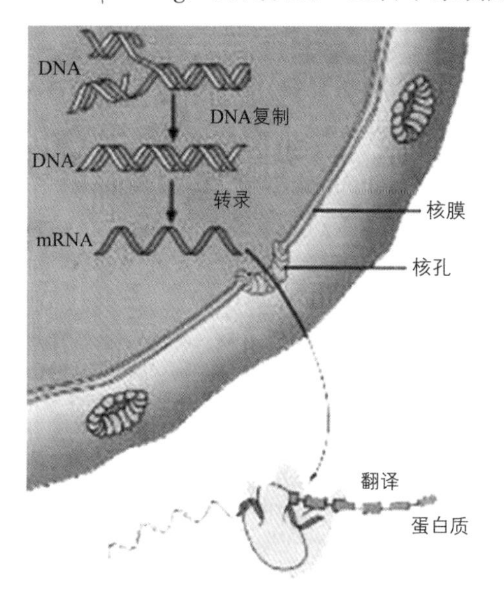

图2-2　中心法则

随着基础研究的深入，生物技术领域也孕育出了三大技术发明。首先是DNA体外切割与连接技术的建立。限制性核酸内切酶就像对DNA分子进行体外切割的手术刀，负责切割DNA分子，而连接酶则扮演着黏合剂的角色，负责DNA分子的连接。其次是基因克隆载体的构建。外源DNA片段与克隆载体连接后，转入大肠杆菌细胞，能够不断地对外源DNA分子进行复制、扩增，使大肠杆菌细胞成为“复制工厂”，而载体就是它们之间的“运输车”。再次，逆转录酶的使用让人类改造真核基因成为可能。逆转录酶可以用RNA作为模板去合成DNA，而核酸的合成与转录是由DNA到RNA，因为它能将遗传信息的流动反转过来，所以被称为逆转录酶。它的出现也对“中心法则”进行了补充和修正。

DNA序列的分析、电泳、杂交技术的出现成为开启基因工程大门的钥匙。随着生命科学研究的蓬勃发展，基因工程技术也迎来了高速发展的新时代。

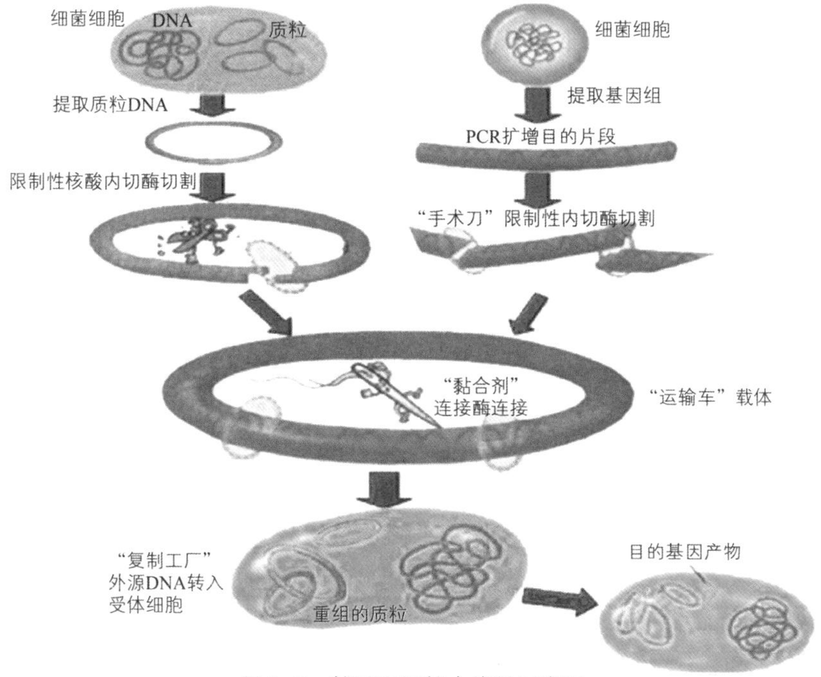

图2-3 基因工程基本流程示意图

20世纪70年代初，两位杰出的科学家保罗·伯格（Paul Berg）与斯坦利·科恩（Stanley Cohen）分别在体外实现了DNA的重组改造，将基因工程这个“金娃娃”成功“接生”下来。基因工程是以三大遗传学理论为基础，以分子生物学和微生物学的技术发明为手段，将不同来源的基因按人们预先设计的蓝图，在体外通过“切割、黏合、拼接”改造成新型DNA分子，然后导入活细胞，以改变原有的遗传特性，获得新性质、新功能，得到新产品。被改造后的生物就像电影《X战警》中的变种人一样，按照新的设计蓝图，拥有新的特质和功能。那么，这把神奇的“魔剪”与蛋白质又有什么关系呢？我们知道，基因本身并不参与人体的正常代谢，发挥生物学功能的是蛋白质。蛋白质不但是人类生命的物质基础，而且与新陈代谢活动息息相关，是人类生命活动的执行者。基因工程这把“魔剪”，让我们对蛋白质的研究更为轻松。做蛋白质功能研究的前提条件是能得到高纯度的蛋白质，但并不是每一种蛋白质都有很高的产量，这就需要基因工程这把“魔剪”进行构建改造，利用载体这辆“运输车”运输到细胞“复制工厂”进行大量的表达，从而得到大量的产品——蛋白质。

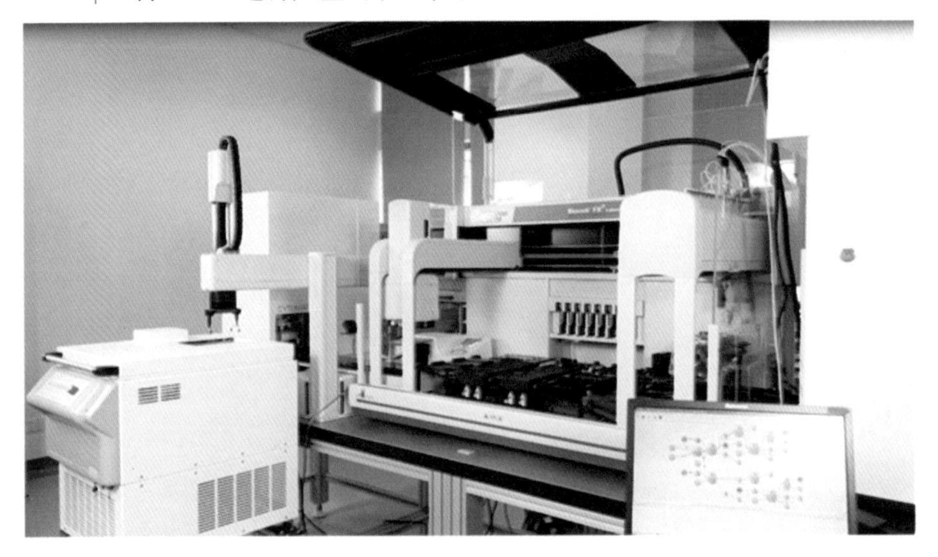

图2-4 高通量自动化原核细胞表达系统

基因工程诞生至今已有几十年时间，已经发展到了相当成熟的地步，其应用范围广，应用领域多，已渗入到我们生活的方方面面。基因工程在基础科研、农牧业、食品工业、医药行业、环境保护等领域都有巨大的推动作用。然而，任何事物都具有正反两面性，基因工程也不例外。在它一路凯歌、高速发展的同时，基因工程技术在安全、环保、伦理等方面所存在的问题也凸显出来。我们不能因噎废食，阻碍科技文明的进步，也要避免不负责任地滥用技术，应在逐步完善各项监管制度的前提下，使基因工程更好地为人类服务。

(2) 基因工程的应用与成果

①基因工程应用于植物研究方面

纵观历史，人类使用的药品大多来源于植物，中国博大精深的中医药文化就是利用植物中的药用成分来治病强身，从而创造出了中医这一中华文明的瑰宝。现代从事天然产物合成研究的科学工作者也是从植物中分离鉴定其天然活性小分子来研发新药。但是，许多药用植物生长缓慢，不能满足人类与日俱增的用药需求，加上生态环境的恶化，一些植物正逐渐减少甚至濒临灭绝，所以我们需要用新的途径和方法来解决这一难题。

鬼臼毒素能够抑制细胞中期的有丝分裂，对肿瘤有明显的抑制作用，是抗癌药物依托泊苷的原料。这种药物于1983年出现在美国市场上，被广泛用于治疗几十种不同的癌症，如恶性淋巴瘤、肺癌等。鬼臼毒素主要是从鬼臼中提取的，但是这种植物生长缓慢，只能产生少量的化合物。美国斯坦福大学的化学工程师伊丽莎白·赛特利（Elizabeth Sattely）带领她的科研小组，研究发现了31种可能与鬼臼毒素生物合成相关的基因，并根据功能可能性进行了分组，将不同的基因插入到植物组织中，以提高鬼臼毒素的产量。他们插入了无数个基因组合，最后终于发现有一组10种基因的组合，能使鬼臼具有一种新的特性，能够大量产生一种被称为4′-去甲基表鬼臼毒素（4′-Demethyl-epipodophyllotoxin）的分子，正是依托泊苷的前身和一种有效的抗癌物质。这一基因改造技术解决了依托泊苷这种抗癌药物的供应难题。

②基因工程应用于医药研制方面

目前，以基因工程药物为主导的基因工程技术在医药领域的应用越来越广，它不仅突破了传统医药学的概念，拓展了以高技术、新思维为主题的创新模式，在实践中也越来越显示出其优越性和生命力。基因工程药物主要包括细胞因子、抗体、疫苗、激素和寡核苷酸药物等。它们对预防人类的肿瘤疾病、心血管疾病、遗传病、糖尿病、包括艾滋病在内的各种传染病、类风湿疾病等有重要作用。在癌症等很多疑难病症的治疗上，重组基因工程药物起到了传统化学药物难以达到的作用。抗体药物就是一类利用基因工程技术研制成的重组蛋白药物，如近几年稳居药物销售排行榜前列的阿达木单抗［修美乐（Humira）］，以及最近广泛应用于肺癌治疗的各种PD-1/PD-L1单抗药物［如健痊得、阿特朱单抗（Atezolizumab）等］。

毫无疑问，基因工程技术的飞速发展将蓬勃发展的生物产业又推上了一个新的高峰。基因工程不断造福人类，一代代生物药品的推出，为病人带来了新的生命之光。1975年单克隆抗体技术问世，1986年第一个单克隆抗体药物上市，1998年单克隆抗体药物开始兴起，人类攻克癌症的梦想正在一步步变成现实。

③基因工程应用于环保方面

目前，因工业发展以及其他人为因素造成的环境污染已远远超出了自然界微生物的净化能力，环境治理已成为人们普遍关注的问题。科学家又将目光投向了基因工程：是否可以通过基因工程技术提高微生物净化环境的能力，利用改造的细菌将大量环境污染源分解成无害物质？西班牙巴塞罗那自治大学的研究人员就在水污染治理方面取得了突破性进展。他们培育出一种能将有毒有机氯化物转变成无害可降解物质的超级细菌，命名为绿弯菌门细菌（Dehalogenimonas）。之前美国科学家就发现这种细菌具有一定的降解氯化物的特性。为了更高效地消除污染物，研究人员对该细菌进行了基因改造，添加了具有特殊分解代谢特性的基因片段，使得它能够极为高效地处理氯化物环境污染。生物污染治理技术是一种低成本、高收益，并与其他环保技术兼容的技术模式，培养超级细菌处理污染能大大降低污染治理成本，未来超级细菌甚至能够在工厂厂房里将污染物直接消除。

基因工程能够运用DNA分子重组技术，按照人们的期望创造出许多新的遗传结合体，以满足人类的需求，并且它在新型药物研发、疾病治疗等方面具有革命性的推动作用，能对提高人口素质、保护环境等做出巨大贡献。但是，在应用这项先进技术的同时，也要遵循自然界的客观规律，严格管理，充分重视基因工程技术应用的安全性。我们在做基因工程研究时，应该谨慎、稳重，切忌急功近利。在发展基因工程的同时，我们要特别重视遵循伦理道德，如果毫无顾忌地滥用基因工程，也许会出现电影中克隆人消灭地球人这种灾难性的情节。

2 创造“神奇的分子”：蛋白质工程

（1）蛋白质工程是什么

蛋白质工程，是以基因工程技术为手段，改造已有的或创造新的蛋白质的现代生物技术，是分子生物学理论与工程实践相结合的产物。这一理念由美国科学家凯文·迈克尔·乌尔默（Kevin Michael Ulmer）于1983年提出，并在近几十年来被发扬光大。通俗地讲，蛋白质工程是人们为了更好地满足生产和生活的需要，对自然界中现有的蛋白质进行重新设计或创造出自然界不存在的蛋白质的过程。

蛋白质是生命的物质基础，人的肌肉、血液、骨骼、神经、毛发、大脑、内分泌系统等都由蛋白质组成；蛋白质是一切生命活动的主要承担者，机体的新陈代谢、体内物质运输、抗体免疫、激素调节等都要靠相关蛋白质来完成；蛋白质也是诊断、治疗疾病的物质基础。如果将所有生命活动比作一个生产车间，蛋白质就像有各种功能和用途的机器，它可以根据不同的需求指令，加工出不同的产品，有的负责生产美味可口的食物，有的负责生产性能优良的材料，有的负责生产疗效更好的药物。生物体内存在的天然蛋白质有的不尽如人意，需要进行改造，而蛋白质工程的一个重要功能就是根据人们的需求，通过对某种蛋白质的基因进行重新设计和改造，从而使合成的蛋白质更符合人们的需求。

(2) 蛋白质工程的发展历史

一个技术理念的产生，往往需要前期科学技术的积淀以及多学科技术理论的完善，蛋白质工程的产生也不例外。随着生物学基础理论的成熟，以及基因工程技术的发展，人们可以选择性地对感兴趣的基因进行克隆、重组，并在异源宿主中进行表达、纯化。比如我们将与肿瘤相关的蛋白质的基因进行合成，并在大肠杆菌中表达出来，进一步研究该蛋白质的结构功能等。这使得人们对蛋白质这种在生命活动中起直接作用的大分子有了更深刻的认识。20世纪以来，随着化学、物理科学的进步，诞生了一批探索微观世界的新武器，例如质谱、X射线晶体学、核磁共振、冷冻电子显微镜等技术。有了这些新武器，人们对蛋白质的认识不再仅仅停留在宏观表象上，而是进一步拓展到了原子水平，揭开了蛋白质的神秘面纱，看到了蛋白质的本质。蛋白质是由不同氨基酸通过肽键，按照一定的顺序连接组装而成的。氨基酸的序列就是蛋白质的一级结构，多肽链再经过折叠生成具有各种生物学功能的高级构象。蛋白质的一级结构决定着蛋白质的空间结构和生物功能，所以改变其中关键的氨基酸就能改变蛋白质的性质。而氨基酸是由基因遗传密码决定的，只要改变构成遗传密码的一个或两个碱基就能达到改造蛋白质的目的。酶是具有生物催化活性的高分子物质，几乎所有的细胞活动都需要酶的参与。人们研究发现，绝大多数酶是蛋白质，并且在这些具有生物催化活性的蛋白质的高级结构中，蛋白质折叠形成一个催化“活性口袋”，形形色色的“活性口袋”特异性地催化不同的生化反应。在催化过程中，底物作为“生产原料”，进入蛋白质“机器”，生产出生命活动所必需的“产品”。蛋白质的晶体结构学研究使人们对蛋白质的催化本质有了更精确的认识。人们期望通过蛋白质工程对这个“魔法口袋”进行编辑，产生比原始效率更优、效果更好的酶。

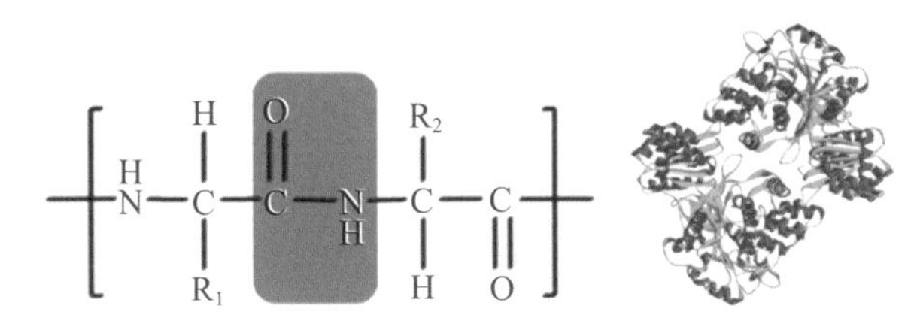

图2-5 肽键的化学结构示意图（紫色阴影部分）

图2-6 蛋白质的三维结构图

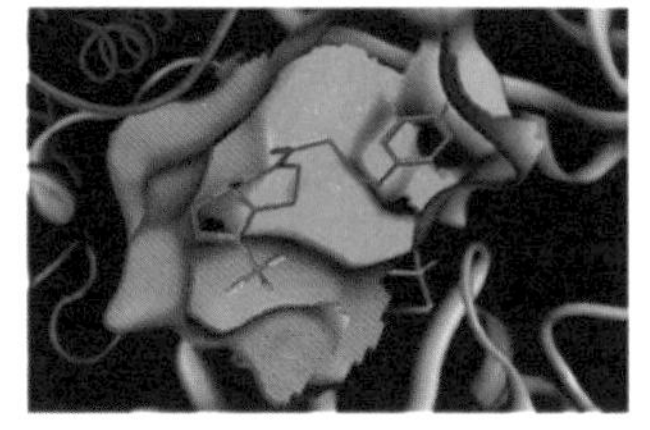

图2-7 蛋白质行使功能的“活性口袋”

X射线晶体衍射等技术就像给人们配备了洞察蛋白质微观世界的“天眼”。随着计算机技术和生物信息学技术的飞速发展，计算机模拟被越来越多地应用到蛋白质工程中，从而衍生出半合理化设计、合理化设计等多种新的蛋白质工程技术。在多学科综合交叉的基础上，蛋白质工程的发展趋向于理性化、具体化，发展空间也越来越大。

(3) 蛋白质工程方法

蛋白质工程方法，根据设计思路可分为两种：第一种是理性设计法。在蛋白质结构已知的情况下，锁定期望改造的蛋白质位点，再通过改变该蛋白质对应的基因序列来实现蛋白质的重新设计。第二种是定向进化法。人们往往对目标蛋白质的结构并不清楚，在这种情况下，人为模仿进化的过程，运用生化手段，随机地在蛋白质的各个位点引入突变，再通过筛选，获得对人们有用的“有意义突变”。比较这两种蛋白质工程方法，定向进化法由于对蛋白质结构信息的未知而带有很大的盲目性，这种随机产生的突变数量非常庞大，使筛选的工作量大大增加，对高通量筛选方法的依赖性更大；而理性设计法具有较高的目的性和针对性，并且随着计算化学以及计算机技术的发展，计算机辅助蛋白质模型预测为蛋白质工程的理性设计带来了很大便利。

(4) 蛋白质工程的应用

近些年，蛋白质工程已经取得了令人鼓舞的成果。酶作为一种生物催化剂，能催化多种多样的生化反应，在生命科学研究和医药、工业、农业等各行各业中具有广阔的应用前景。

①食品、清洁剂方面

酶作为生物催化剂，与化学催化剂相比，具有催化效率高、专一性强、能耗低、安全无污染等特点。但绝大多数酶是蛋白质，易被高温、强酸、强碱等破坏，人们通过蛋白质工程对天然酶进行改造，制成符合工业需求的酶制剂，广泛用于食品、清洁剂等添加剂中。

乳糖是一种常见的二糖，只有水解成单糖葡萄糖和半乳糖后才能为人类提供营养，但有相当一部分人肠道内缺乏水解乳糖的关键酶——β-半乳糖苷酶，从而导致食用乳制品后出现乳糖不耐症。在乳制品中添加半乳糖苷酶，不仅可以缓解乳糖不耐症人群的不适反应，而且可以使乳制品的口感更好。

传统清洁剂的使用面临两个严重问题：一是含磷去污剂会引起水体富营养化；二是由于能源紧张，高温洗涤亟待向低温洗涤转化。碱性蛋白酶作为非常温和的生物催化剂，可在常温下分解掉血迹、汗渍，在去污剂中加入碱性蛋白酶能很好地解决上述问题。因此运用蛋白质工程的方法提高酶的催化活性，降低催化温度及pH耐受性，成为蛋白质工程研究的重点。

②医药卫生方面

近年来，蛋白质工程在肿瘤治疗领域的应用方兴未艾。蛋白质工程在设计和研制分子导向多肽药物中取得了重大突破。人们希望利用抗体的特异性结合特点，将其作为一个定向载体，制备出特异性很强的“生物导弹”。抗体作为免疫系统的卫士，在人体中扮演着惩恶扬善的角色，它能够特异性地识别“异己”，使人体免受“异己”的攻击。癌症是人类的头号杀手，一直是医学界亟待攻克的难题，传统的化学治疗药物治疗效果往往不太理想，因为其在杀死肿瘤细胞的同时，会“伤敌一千，自损八百”，毒副作用很大。因此，科学家利用抗体的特异靶向识别能力，对天然抗体进行改造，并和抗癌药物完美结合，抗体偶联药物（antibody-drug conjugate，简称ADC）应运而生。这如同给抗癌药物配备了GPS定位系统，可对肿瘤细胞进行精确的打击。这种“生物导弹”同时具备了抗体药物和化学药物的双重优点，市场前景广阔。目前已经有抗体偶联药物成功上市。

图2-8 抗体结构示意图

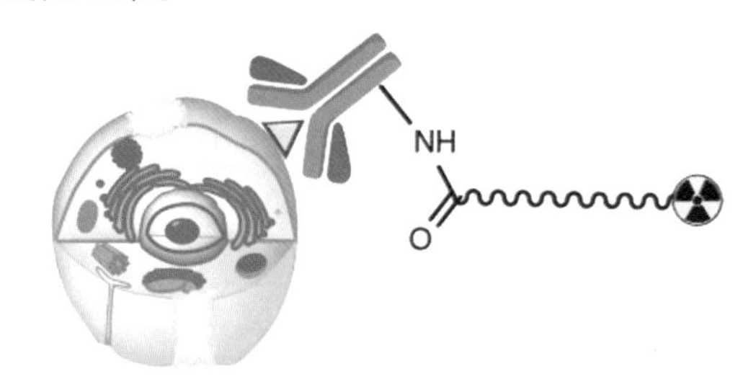

图2-9 抗体偶联药物和肿瘤细胞表面抗原特异性结合

③生物材料方面

蛋白质工程在生物材料方面亦大有可为。蛋白质本身就是由氨基酸组成的大分子材料。比如蜘蛛丝就是一种天然生物材料，经过蛋白质工程改造后，“蜘蛛侠”的神奇蛛网武器将不仅仅出现在科幻电影中。丝状蛋白是一种由5—1500个氨基酸组成的蛋白质，经过蛋白质工程改造的丝状蛋白在不同的温度下会发生空间状态的转变，呈现舒展或聚集状态，因此可用于体内药物靶向运输。除此以外，蛋白质工程创造出的生物凝胶材料因具有良好的生物兼容性和可降解性，被广泛应用于生物医用材料中，比如人造骨骼、人造纤维等。

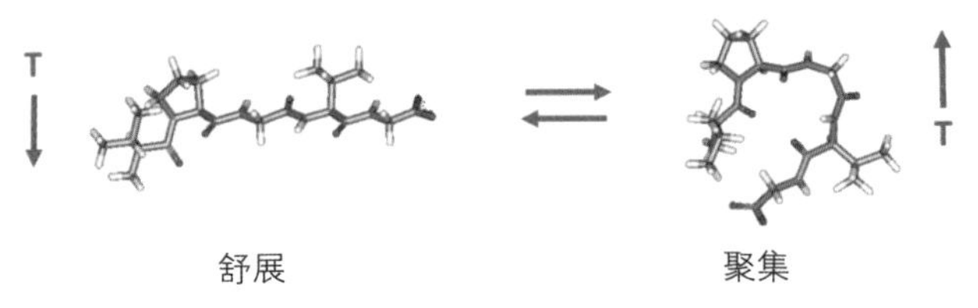

图2-10 丝状蛋白空间状态随温度转变

④农业生产方面

蛋白质工程已成为改造农业、大幅度提高粮食产量的新途径。例如，植物在白天通过光合作用将二氧化碳转化为贮备能量的淀粉，而在植物叶片中普遍存在着一种核酮糖-——5-二磷酸羧化酶。这种酶具有双重性：它既能通过光合作用固定二氧化碳，又能在光照条件下通过呼吸作用释放二氧化碳，使得光合作用效率只有50%，大大降低了粮食产量。现在，人们已经弄清楚了该酶的三维结构，可以通过蛋白质工程改造这种酶，控制其不利的一面，从而大大提高光合作用效率，增加粮食产量。虽然化学农药在农药生产中仍占据重要地位，但由于其对环境有害，并易使害虫产生抗药性，其使用日益受限，生物农药将成为农药产业发展的新趋势。近年来，微生物农药、生物化学农药、转基因农药及天敌生物农药等方面都有不同程度的进展。而蛋白质工程作为设计优良微生物农药的新思路，对微生物蛋白质结构进行修改，就可使微生物农药的杀虫效率提高10倍左右。另外，通过蛋白质工程，不断设计和研制新的抗生素和酶类，可以使其具备更高的产率、更好的治疗效果。

总之，我们的日常生活与蛋白质工程的交集越来越多。蛋白质就像一个法力无边的魔术师，只要人类合理地开发利用，便能使我们的生活更加色彩斑斓。

3 改造“生命的小房子”：细胞工程

细胞是生产蛋白质的场所，蛋白质在其中生产、加工、运输与销毁。下面我们要讲的是“生命的小房子”——细胞。

细胞是生物体结构和功能的基本单位。已知除病毒（比细胞更小的生物）以外的所有生物均由细胞组成，而且即使是不具备细胞结构的病毒，其生命活动也必须在细胞中才能实现。所以我们称细胞为“生命的小房子”，它具有运动、营养和繁殖等重要机能。

细胞的体形极其微小，绝大多数只有在显微镜下才能观测到，其形状也多种多样。将人类和动植物的组织均切成厚度极小的薄片并加以染色（这样可以使细胞轮廓分明，并获得足够的光线使之成像），放在显微镜下面观察，可以发现人类和动植物的身体都有一个共同的结构，那就是细胞。真核细胞里面都有一个名为细胞核的核状结构；而细胞外面都有一层薄膜覆盖，我们称之为细胞膜；在细胞膜和细胞核之间充满了原生质，叫作细胞质。我们的身体就是由许多这样的细胞和细胞之间的物质结合而成的。人体的各部分细胞都不相同，有神经细胞、肌肉细胞、骨骼细胞、皮肤细胞等。这些细胞在生命活动中扮演不同的角色，正是有了它们之间的协调分工合作，我们的身体才能够顺利地生长发育。

要改造“生命的小房子”——细胞，我们首先要了解“小房子”里的“家具”——细胞器（organelle）。细胞器一般是指散布在细胞质内的具有一定形态和功能的微结构或者微器官。细胞中的细胞器主要有线粒体、内质网、中心体、叶绿体、高尔基体、核糖体、溶酶体、液泡等。

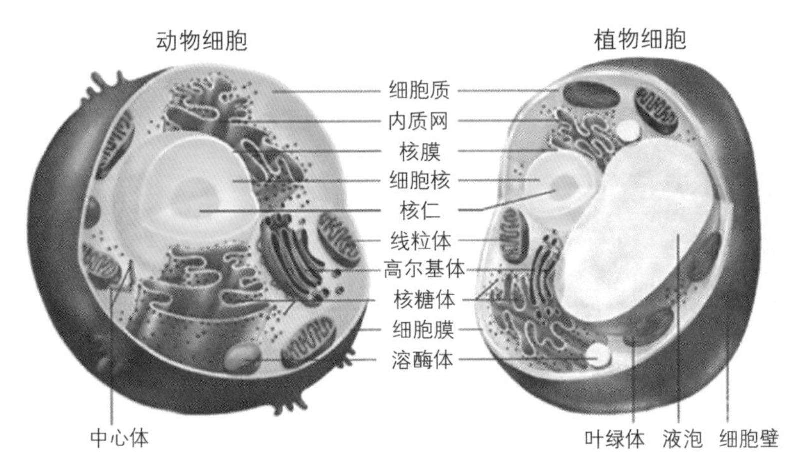

图2-11 动物细胞和植物细胞亚显微结构模式图

知识链接

细胞器 线粒体（mitochondria）是细胞进行有氧呼吸的主要场所，又被称作“动力车间”，细胞生命活动所必需的能量大部分（约95%）来自线粒体；内质网（endoplasmic reticulum）是由许多膜连接而成的网状结构，是细胞内蛋白质加工以及脂质合成的“装备车间”；中心体（centriole）是细胞分裂时内部活动的中心；叶绿体（chloroplast）中含有叶绿素，是绿色植物进行光合作用的细胞器，能产生氧气和有机物，是植物细胞的“养料制造车间”和“能量转换站”；高尔基体（Golgi apparatus）主要是对来自内质网的蛋白质进行加工、分类和包装的“加工车间”及“发送站”；核糖体（ribosome）的唯一功能是按照mRNA的指令将氨基酸合成蛋白质，所以核糖体是细胞内蛋白质合成的“分子机器”；溶酶体（lysosome）是“消化车间”，内部含有多种水解酶，能分解衰老、损伤的细胞器，吞噬并杀死入侵的病毒或细菌；液泡（vacuole）的功能在于调节细胞内的环境，液泡内含有细胞液、色素（花青素等），它是辅助植物细胞保持坚挺的细胞器。

这些细胞器共同完成细胞的生命活动，它们的结构需要借助放大倍数更高的电子显微镜才能观察到。

细胞工程作为科学研究的一种手段，已经渗入到生物工程的各个方面，成为必不可少的配套技术。总的来说，它是运用细胞生物学和分子生物学的理论和方法，按照人们的设计蓝图，在细胞水平上进行的遗传操作及大规模的细胞和组织培养。细胞工程可以生产有用的生物产品或培养有价值的植株，并可以产生新的物种或品系。

细胞工程在临床医学和药物方面取得了许多令人振奋的研究成果。自1975年英国剑桥大学的科学家利用动物细胞融合技术首次获得单克隆抗体以来，蛋白质类药物研究迅猛发展，攻克癌症的艰难战役初现曙光。弗雷德·哈钦森癌症研究中心于2016年2月公布了治疗特定白血病（晚期白血病）的新方法，他们对免疫细胞T细胞进行基因改造，注入患者体内之后，这些细胞会摧毁癌细胞，并记住这些癌细胞，在人体内年复一年地巡逻，防止癌症卷土重来。他们的早期临床试验表明，94%患有急性淋巴细胞性白血病的患者癌细胞完全消失。不过，目前这一疗法暂时只能治疗白血病这类“液态”癌症，并且在有些情况下可能会带来严重的副作用。最近科学家对吞噬作用的具体机制进行分析，发现可以通过简单的改造使得普通的惰性细胞获得识别和吞噬垂死细胞的能力，这使普通细胞得以瞬间变身为机体的“清道夫”。这一技术开辟了一个全新的免疫治疗途径，可以帮助患者的自身细胞更好地对抗感染甚至癌症。

为了大规模地制备蛋白质，我们利用上海设施，建立了高通量自动化原核细胞表达系统、高通量自动化昆虫细胞表达系统、高通量自动化哺乳动物细胞表达系统。根据不同的实验需求及目的，我们会选用不同的表达系统进行蛋白质表达，这些系统的建立使我们有条件进行大规模的蛋白质种类的筛选、多种表达条件的筛选，同时大大提高了实验过程的准确性和标准化程度，克服了人工操作的弊病，从而使实验的精确性、准确度和复杂性得到了极大的提升。随着细胞工程技术研究的不断深入，它的价值和前景将会日益显现出来，为人类做出更大的贡献。

4 “蛋白质军团”的诞生：自动化克隆表达系统

不同基因控制不同蛋白质的合成，是不同物种以及同一物种的不同个体间表现出不同性状的根本原因。那我们要如何改造基因才能获得想要的蛋白质呢？20世纪70年代，一项技术的诞生给我们带来了一场前所未有的革命，这就是基因克隆技术。这项技术可以让科学家自由地“裁剪”DNA片段和载体，形成新的重组载体，再将其导入到酵母细胞或昆虫细胞等宿主细胞中。在宿主细胞里，目的基因可以进行大量的复制，并利用宿主细胞的表达系统进行大量的蛋白质表达。这样就可以得到科学家想要的蛋白质，从而可以更快更好地探索生命的本质。

这种创造新的蛋白质的工作是不是很有趣？但是实际操作可不是这么简单，它是一件极富有挑战性的精细活儿。它的实现需要一系列复杂的操作流程，包括目的基因的获得、重组载体的构建、重组载体的转化和筛选、目的基因的表达、蛋白质纯化鉴定等等。各个实验环节涉及的技术细节很多，不仅实验操作流程烦琐，试剂耗材种类多，而且对实验人员也有着较高的技能要求。一个实验人员每次可以操作的样本个数在10个左右，一旦数量增加就很容易疲劳，从而出现操作失误。这时候如果要构建大量的重组载体来表达蛋白质，就意味着需要大量的人来进行实验，这就带来了大面积的场地需求、大量的仪器设备购置、实验人员管理和培训等难题。实验人员需要在有效的管理下经过严格的培训才能上岗，即使如此，也难以避免人工操作的失误，而且无法让实验人员耐受长时间的工作。针对手工操作远远不能满足样本操作数量和质量要求的问题，上海设施引入了高通量的自动化仪器设备。所谓“高通量”，就是一次并行处理几十到成百上千个样本。这样便能让科学家的关注点聚焦在科学技术上，从而更好地解放科学家的双手，让科学家有更多的时间去思考技术方法和科学问题。

上海设施的科技人员经过深入细致的产品调研、严谨的流程

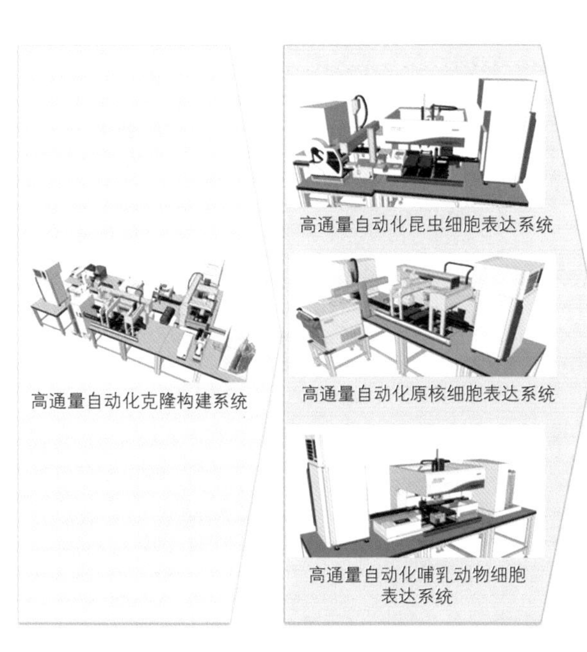

图2-12 国家蛋白质科学研究（上海）设施的自动化克隆表达系统

扫码看视频

分析和方案论证，自主设计了一整套自动化克隆表达系统。这套自动化克隆表达系统包括五套高通量自动化系统：高通量自动化克隆构建系统、高通量自动化原核细胞表达系统、高通量自动化昆虫细胞表达系统、高通量自动化哺乳动物细胞表达系统和高通量自动化蛋白质纯化系统。

这五套高通量自动化系统里包含了很多仪器设备，如工业机器人、低温保存箱、传送带、自动化移液工作站、自动化PCR仪、封膜机和撕膜机、自动化离心机等。这些仪器设备与我们平常使用的实验设备的功能是相同的，最大的不同点体现在它们能够支持高通量操作和自动化系统整合，也就是用一套控制软件系统可以自由地控制每一台机器，并可以将它们连接在一起，按照一定的实验流程来运行，从而完成一套连续完整的实验流程。

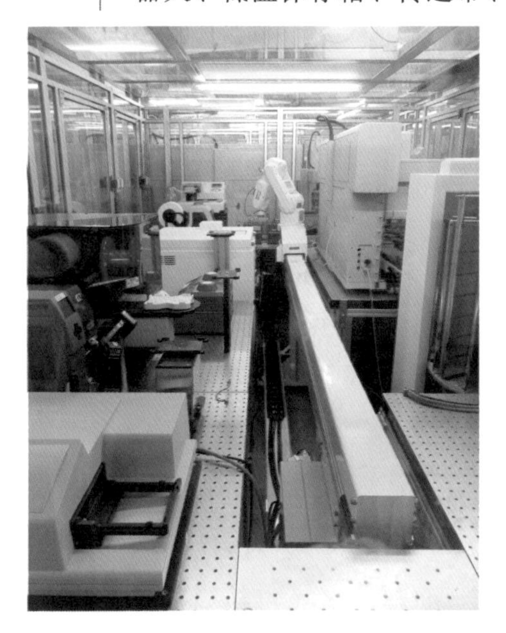
图2-13 国家蛋白质科学研究（上海）设施的高通量自动化克隆构建系统实景

自动化克隆表达系统虽然前期投入较大，但是改变了传统实验室的运行和管理模式，并有着长期稳定的运行能力。自动化克

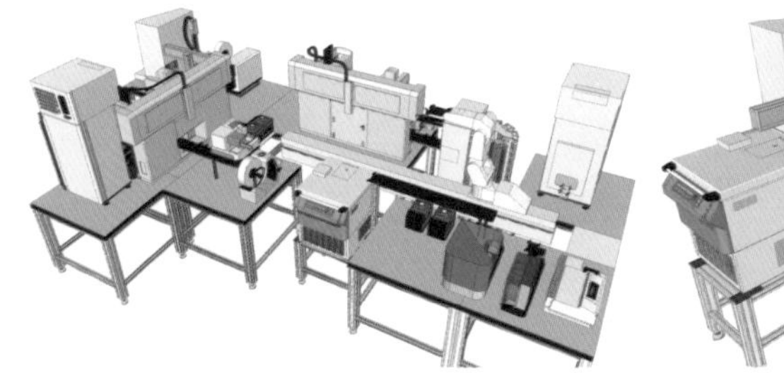
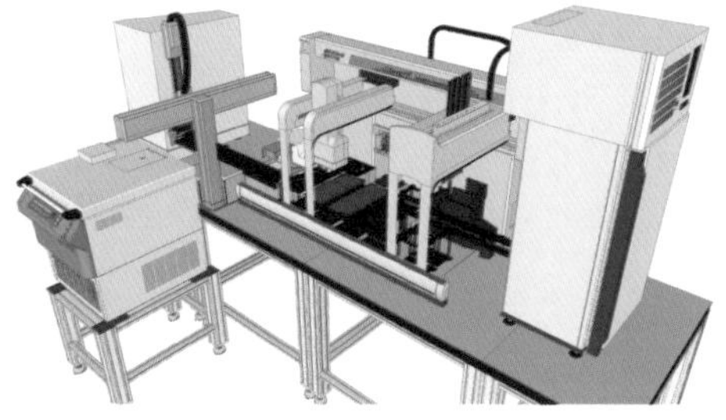
图2-14 高通量自动化系统示例

隆表达系统可以实现24小时的持续运行，每天最高可完成960个蛋白质基因的克隆，并可以在不同的蛋白质表达体系内同时操作96个样品，远远超过人工所能操作的样品数量，并且极大地降低了出错率，保障了实验操作规范和数据结果的准确稳定，实现了全实验流程的信息追踪，从而建立起一支具备战斗力的“蛋白质军团”。

知识链接

实验室自动化历史 实验室自动化的核心是液体处理，液体处理的历史可以追溯到18世纪末。1795年，法国化学家F. A. H. 德克劳西（F. A. H. Descroizilles）发明了第一支带有刻度的滴定管；1947年，克拉克·汉密尔顿（Clerk Hamilton）在伯克利实验室发明了第一根微量进样针；1956年，德国生理化学研究所的科学家发明了最早的微量加样器（通常称为移液器）；1958年，德国艾本德公司开始生产按钮式微量加样器，成为世界上第一家生产微量加样器的公司。20世纪70年代，随着小型直流电机和阀控制技术的发展，出现了以瑞士哈密尔顿公司为代表的利用高精度半自动注射泵进行分液的仪器。20世纪80年代，电机和微处理器的革命性发展催生了真正意义上的自动化移液工作站。之后，从单通道、多通道发展到96通道、384通道、1536通道等，逐渐形成了完整的产品系列，并广泛应用于生命科学研究、化合物筛选、药物开发等领域，极大地促进了该领域的科学发现和产业发展。

TLA系统 为了降低医疗费用和工作人员的劳动

强度，提高检测质量，许多医院在检验分析科室建立起全实验室自动化系统——TLA 系统（Total Laboratory Automation）。这项技术于 1981 年发端于日本，当时为了改变医学实验室服务水准较低的状况，日本开发了全球第一台 TLA 系统。20 世纪 90 年代初，TLA 系统得到了迅速的发展，并开始进入到美国和欧洲。1996 年，国际临床化学与检验医学大会（IFCC）正式提出了全实验室自动化的概念。全实验室自动化是将实验室常规操作进行归纳并实现自动化处理的过程，而且将实验室相关或互不相关的自动化仪器关联在一起，构成流水线作业，形成大规模的全自动化流程。全实验室自动化系统包含硬件和软件两大部分，硬件包括样本处理和检测所需的全部仪器，软件则主要负责程序编辑和运行控制。软硬件的有机结合使得实验室成为一个功能高度发达且协调的有机体。

第三章 看清“雾中花”

核磁共振是唯一一项包揽过诺贝尔物理学奖、化学奖、生理学或医学奖的现代检测技术。核磁共振技术样本可以是液体、固体或生命活体，且该技术对样本无损伤。它的探究范围包括空间结构测定、相互作用原理解析、个体生理功能等多个层面，应用范围非常广泛。现代高场核磁共振技术主要用于探测物质的结构和功能信息，将在推动自然科学发展，促进生命科学、医学和健康应用方面做出更大的贡献。

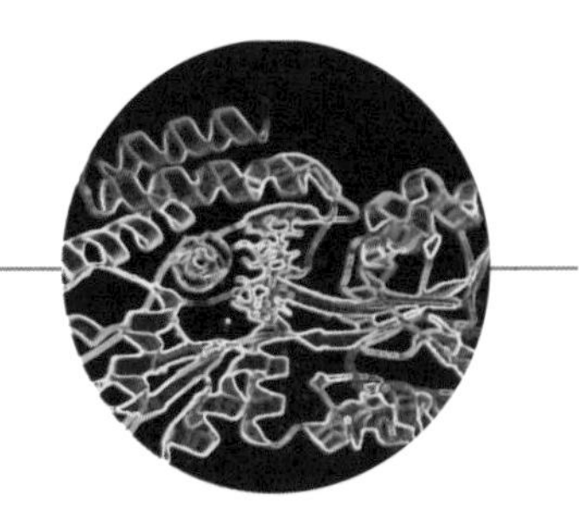

作为研究生物大分子空间结构、动力学与功能的三种主要手段之一，核磁共振技术发挥着不可或缺的作用，特别是在溶液结构、动力学和高通量药物筛选方面具有独特优势。

1 核磁共振的前世今生

核磁共振（Nuclear Magnetic Resonance，简称NMR）是近代物理学的重要发现。核磁共振是指处在某个静磁场中的物质的原子核系统受到相应频率的电磁波作用时，在它们的能级之间发生的共振跃迁现象。核磁共振谱仪正是用来检测这些固定能级状态之间的电磁跃迁的设备。

（1）核磁共振理论

1938年，美国科学家伊西多·拉比（Isidor Rabi）利用分子束实验发现了在外磁场下的核磁共振现象；1946年，美国哈佛大学的爱德华·珀塞尔（Edward Purcell）和斯坦福大学的费利克斯·布洛赫（Felix Bloch）各自独立观察到固体和液体状态下的核磁共振信号，由此奠定了核磁共振技术的物理学基础。此后，核磁共振开始在有机化学和生命科学中获得应用，主要是用于测量物质的组成和分子的结构。1976年，瑞士科学家理查德·恩斯特（Richard Ernst）提出二维核磁共振波谱的理论与实验方法，解决了化学分子一维核磁谱图严重的谱峰堆积问题。在此基础上，1985年，瑞士科学家库尔特·维特里希（Kurt Wüthrich）开始将该方法成功应用于生物大分子结构与动力学研究。2003年，美国科学家保罗·劳特布尔（Paul Lauterbur）和英国科学家彼得·曼斯菲尔德（Peter Mansfield）共同发明了核磁共振成像谱仪，核磁共振成像技术开始被应用到医学诊断方面，并在生命健康研究方面发挥着越来越重要的作用。这几位杰出的科学家都因为在核磁共振领域的开创性贡献获得了诺贝尔奖。

近70年来，核磁共振技术得到了迅猛发展。目前核磁共振技术已广泛应用于工业、农业、化学、生物、医药等领域。它是确定有机化合物特别是新的有机化合物结构最有力的工具之一。核磁共振证明了核自旋的存在，为量子力学的一些基本原理提供了直接的验证，并且首次实现了能级反转，这些为激光的产生和发展奠定了坚实的基础。到了近代，核磁共振由一维发展到二维、三维，使其更加完善，并在生命科学领域得到更加广泛的应用。

(2) 核磁共振设备

1953年，世界上第一台商品化核磁共振谱仪（磁场强度为0.7特斯拉）由美国瓦里安公司研制成功。1971年，日本电子公司生产出世界上第一台脉冲傅里叶变换核磁共振谱仪。1994年，德国布鲁克公司推出全数字化核磁共振谱仪。这种型号的谱仪能够提供高精度和高稳定性的数字信号，扩大了动态范围，提高了灵敏度和系统稳定性，可以获得高质量的核磁共振波谱。我国于1960年开始研制核磁共振谱仪。1974年，我国首台高分辨率核磁共振谱仪（磁场强度为1.4特斯拉）在北京分析仪器厂研制成功。1983年，中国科学院长春应用化学研究所研制成功我国第一台傅里叶变换核磁共振谱仪（磁场强度为2.35特斯拉）。1987年，中国科学院武汉物理与数学研究所研制成功我国第一台超导核磁共振谱仪（磁场强度为8.42特斯拉）。

图3-1所示是我国第一台900兆核磁共振谱仪（磁场强度为21特斯拉），于2013年10月在上海设施安装成功并投入使用。这台核磁共振谱仪是目前我国最先进的液体核磁共振设备之一。

图3-1 国家蛋白质科学研究（上海）设施的900兆核磁共振谱仪

知识链接

现代的核磁共振谱仪主要由以下七个部分构成：

超导磁体：产生强的静磁场，该磁场使置于其中的核自旋体系的能级发生分裂，以满足产生核磁共振的要求。

射频发射器：用来激发核磁能级之间的跃迁。

探头：位于磁体中心的圆柱形探头作为核磁共振信号发射和检测器，是核磁共振谱仪的核心部件。样品管放置于探头内的检测线圈中。

接收机：用于接收微弱的核磁共振信号，并放大变成直流的电信号。

匀场线圈：用来调整所加静磁场的均匀性，提高谱仪的分辨率。

梯度线圈：产生梯度脉冲的装置，可用于自动匀场和信号选择。

计算机系统：用来控制谱仪，并进行信号显示和数据处理。

2 核磁共振的应用

核磁共振的应用主要包括核磁共振波谱和核磁共振成像两个方面，它们源于相同的核磁共振理论，可以说是孪生兄弟，一个应用于微观，一个应用于宏观。

(1) 核磁共振波谱

核磁共振谱仪采集的核磁共振波谱实际上是信号强度与化学位移的关系曲线。化学位移是指在同样的外部条件下，位于不同分子中的核或虽在同一分子中但位于不同化学集团的核，其共振频率与理论值有不同程度的微小偏移。这种偏移与核所处的化学环境有关，因此可以利用核磁共振波谱图来确定分子的结构。

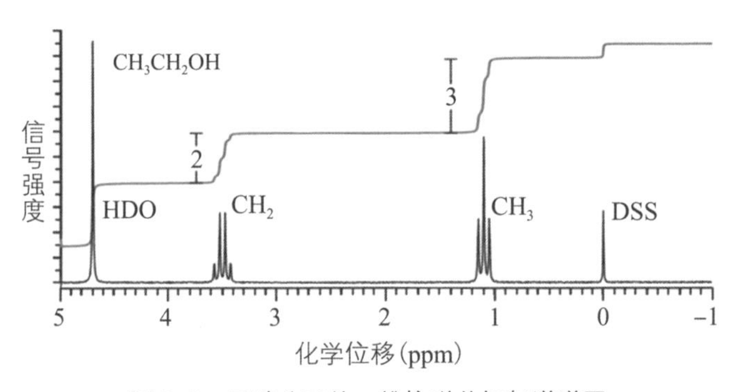

图3-2 乙醇分子的一维核磁共振氢谱谱图

(2) 核磁共振成像

核磁共振波谱主要用于物质微观结构的分析。作为一种分析手段，它广泛应用于物理、化学、生物、石油化工等领域，直到1973年，这种技术才用于医学临床检测。而应用于物体的宏观结构分析的核磁共振技术，我们称之为核磁共振成像。

准确地讲，核磁共振成像是一种生物磁自旋成像技术，就是利用原子核自旋运动的特点，在外加磁场内，经射频脉冲激发后产生信号，用探测器检测并输入计算机，经过处理转换在屏幕上显示图像。核磁共振成像提供的信息量不但大于医学影像中的许多其他成像术，而且不同于已有的成像术。因此，它对疾病的诊断具有很大的优越性，被广泛应用于医疗检验中。它可以直接作出横断面、矢状面、冠状面和各种斜面的体层图像，不会产生伪影，不需要造影剂，无电离辐射，对机体没有不良影响。核磁共振成像主要用于人体和动物体成像，其磁场强度大约是1.5—7特斯拉。

核磁共振成像是从核磁共振波谱进一步发展起来的先进技术。今天，在功能性核磁共振成像技术的帮助下，核磁共振成像可用于获取人脑不同区域的组织结构和功能信息，这使神经科医生、心理医生和外科医生可以更准确地深入了解脑部功能甚至活体的代谢过程。

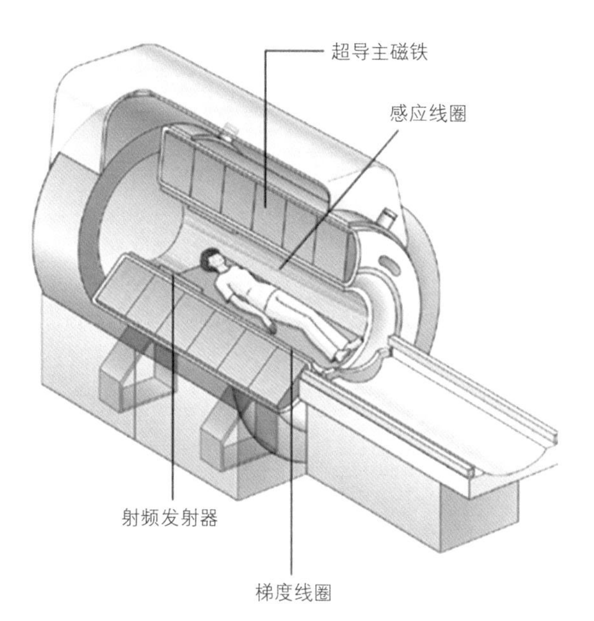

图3-3 核磁共振成像谱仪结构示意图

3 核磁共振相关的诺贝尔奖

20世纪40年代以来，与核磁共振相关的科研成就已经获得两次诺贝尔物理学奖、两次诺贝尔化学奖以及一次诺贝尔生理学或医学奖。

(1) 1944年和1952年诺贝尔物理学奖

1938年，美国科学家伊西多·拉比发现在磁场中的原子核会沿磁场方向呈正向或反向有序平行排列，而施加无线电波之后，原子核的自旋方向发生翻转。这是人类关于原子核与磁场以及外加射频场相互作用的最早认识。依靠这项被称为核磁共振的技术，便能够测量出原子的自然共振频率。拉比因此获得了1944年的诺贝尔物理学奖。

1946年，美国科学家爱德华·珀塞尔和费利克斯·布洛赫分别发现了核磁共振现象。珀塞尔认为，氢原子中的质子和电子由于有自旋，其行为就像磁铁。在吸收或发射一定的能量时，这两个小磁体只能向某一确定的方向变化。为了测量这些能量的转移，珀塞尔将原子置于高频线圈的中心，再将这一线圈置于一个磁铁的强磁场中。这样，强磁场使微小的核磁体整齐排列。然后，珀塞尔通过无线电波的作用改变它们的方向，使原子核随着无线电波按节奏“跳舞”。通过记录允许原子吸收能量的无线电波的频率，就能找到使原子核重新排列所需的能量，也就能找到核的磁矩。

伊西多·拉比　　爱德华·珀塞尔　　费利克斯·布洛赫

图3-4　1944年和1952年诺贝尔物理学奖获得者

布洛赫也观察并测量了核磁共振。1946年，布洛赫提出了高精度测量核磁矩的方法——“核感应”方法，其数学公式被称为“布洛赫方程”。布洛赫设想，在共振条件下，原子核的总磁矩与交变磁场成一个有限的角度，并绕恒定磁场做运动。他把观察到的信号看作感应电动势。这样，原子核就变成了微型无线电发报机，而他收到了它发射的信号。由示波器屏幕上条纹的方向便可知道核的旋转是顺着磁场方向还是逆着磁场方向，进而便可推算出核的磁矩。虽然珀塞尔和布洛赫的实验方法不一样，但是从物理意义上讲，他们的想法是一致的。他们因此共同获得了1952年的诺贝尔物理学奖。

（2）1991年和2002年诺贝尔化学奖

后来人们又发现核磁共振的频率不仅依赖于磁场的强度和原子类别，还依赖于原子所处的环境。而且，不同核的核自旋能相互影响，从而产生精细结构，即在核磁共振谱图中产生更多的谱峰。最初，核磁共振的应用受到其低灵敏度的限制，因而需要浓度极高的样品。1966年，瑞士化学家理查德·恩斯特提出，如果用非常短而强的射频脉冲来照射样品，以取代缓慢改变照射频率的方法，将会极大地提高灵敏度。20世纪70年代，他还在发展核磁共振方法学上做出了贡献，如寻找确定分子中相邻核（例如由化学键相连的原子）的方法。他发现，通过对核磁共振谱图中的信号进行阐释，人们能够获得分子结构的信息，这种方法被成功地应用于小分子研究。恩斯特因在发展高分辨率核磁共振谱学方面的杰出贡献而获得1991年诺贝尔化学奖。

理查德·恩斯特

库尔特·维特里希

图3-5 1991年和2002年诺贝尔化学奖获得者

恩斯特的方法虽然已成功地应用于小分子研究，但对生物大分子而言，要想将不同原子核的共振信号区分开来是非常困难的。其主要原因是，一张大分子的核磁共振谱图有数千个谱峰，看起来就像一片片的草坪，根本不能确定哪个峰属于哪个原子。最终解决这个问题的是瑞士科学家库尔特·维特里希。20世纪80年代初，维特里希发展了一套将核磁共振方法延伸到生物大分子研究领域的思路。他提出，将核磁共振信号与生物大分子中的氢原子核（质子）一一对应起来。这种方法叫作“序列指认”，其原理可以用测绘房屋的结构来比喻。我们首先选定一座房屋的所有拐角作为测量对象，然后测量所有相邻拐角间的距离和方位，据此就可以推知房屋的结构。维特里希选择生物大分子中的氢原子核作为测量对象，连续测定所有相邻质子之间的距离和方位。这些数据经计算机处理后就可形成生物大分子的三维结构。这种方法的优点是可对溶液中的生物大分子进行分析，进而可对活细胞中的蛋白质进行分析，能获得“活”蛋白质的结构，其意义非常重大。目前这种方法已经成为所有核磁共振结构研究的基石。1985年，科学家利用维特里希的方法测定了第一个蛋白质的结构。到目前为止，在10几万个已知的蛋白质结构中，有大约10%的结构是由核磁共振方法确定的。维特里希因发明了利用核磁共振技术测定溶液中生物大分子三维结构的方法，获得了2002年诺贝尔化学奖。

（3）2003年诺贝尔生理学或医学奖

核磁共振在生物学领域特别有用，因为它能非常精确地记录水分子中氢原子的原子核的行为。水约占人体体重的70%，而人体不同组织中水的百分比组成各有不同。核磁共振成像可以探测器官与器官之间，甚至一个器官的不同部分之间的分界，哪怕是疾病造成含水量1%的变动，都能被核磁共振成像轻易检测到。但是核磁共振本身不能展示样本的内部结构，要得到内部的图像，就要将不同梯度的磁场加以结合，即改变穿过样本的磁感应强度，这样就能得到无数二维图像，彼此重叠后就能得到样本内部空间的三维图像。

保罗·劳特布尔

彼得·曼斯菲尔德

图3-6 2003年诺贝尔生理学或医学奖获得者

这正是保罗·劳特布尔和彼得·曼斯菲尔德的研究成果：把物体放置在一个稳定的磁场中，再加上一个不均匀的磁场（有梯度的磁场），用适当的电磁波照射物体，根据物体释放出的电磁波就可以绘制出物体内部的图像。这与将人体暴露在电离辐射的潜在危险下的X光检测（CT）不同，核磁共振成像只利用磁场和电磁波脉冲研究人体，在生物学上是无害的。由于他们在核磁共振成像技术领域的突破性成就，2003年，他们共同获得了诺贝尔生理学或医学奖。他们的成就是医学诊断和研究领域的重大成果，目前已经获得广泛应用。

4 核磁共振在结构生物学中的应用

细胞的生命活动依赖于生物大分子的共同作用。理解生物大分子相互作用的原理与规律，解析生物大分子及其复合体的结构，以及它们对细胞命运的调控，有助于诠释细胞的生命本质与活动规律，也为医药生物学的发展奠定了基础。X射线晶体衍射、核磁共振波谱和电镜三维重构是结构生物学的三种主要研究技术。相比于其他两种技术，核磁共振波谱技术是唯一一种能够在原子分辨率下测定溶液中生物大分子三维结构的技术。现有的蛋白质三维结构数据库中，用核磁共振技术解析出的结构占总数的10%左右。

20世纪80年代，使用500兆核磁共振谱仪，用同核二维核磁共振只能测定少于100个氨基酸残基的蛋白质分子。20世纪80年代后期至90年代初期，使用600兆核磁共振谱仪，采用异核同位素标记的蛋白质样品，使用二维、三维谱测定蛋白质结构，可以测定高达250个氨基酸残基，精度相当于2.5埃分辨率的晶体结构。900兆高场核磁共振谱仪问世之前，人们通常认为核磁共振技术研究的生物大分子的相对分子质量极限就是3万道尔顿。核磁共振技术研究蛋白质的结构功能流程图如图3-7所示。

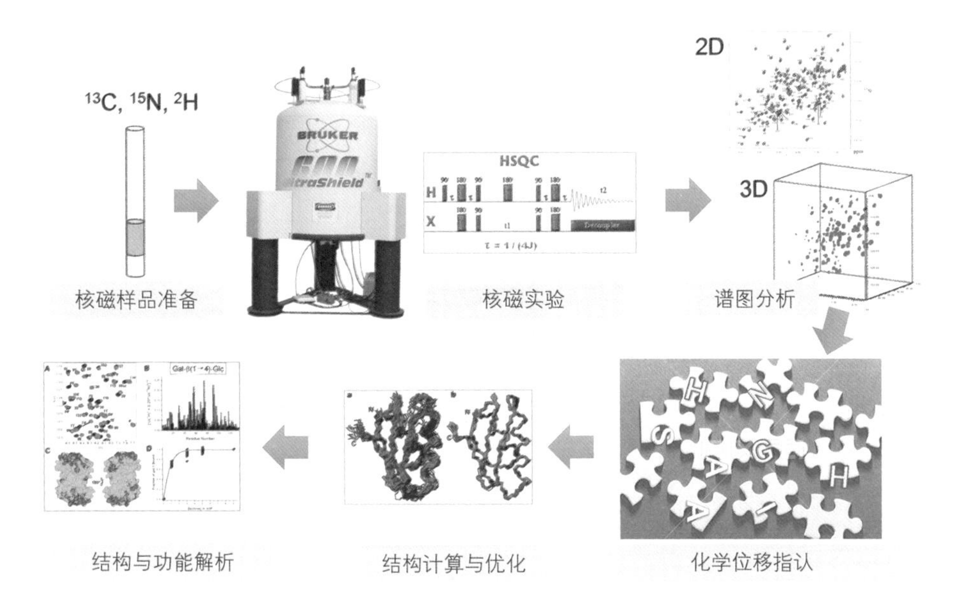

图3-7 核磁共振在结构生物学中的应用流程图

高场核磁共振谱仪的问世无疑是核磁共振领域的重大技术突破之一，像现在的900兆核磁共振谱仪和即将问世的1200兆核磁共振谱仪，可以在根本上提高核磁谱图的分辨率和灵敏度。配合使用超低温探头，发展能够提高分辨率和灵敏度的新的脉冲实验方法，加上新的样品标记方法的问世，液体核磁共振可检测的蛋白质相对分子质量可以获得更大的突破。目前国际上实现的最高纪录是1兆道尔顿，完全超越了通常认为的核磁只适用于相对分子质量较小的蛋白质研究的概念。

上海设施的核磁共振技术团队引进、开发了多种核磁共振新技术，帮助用户取得了大量成果。

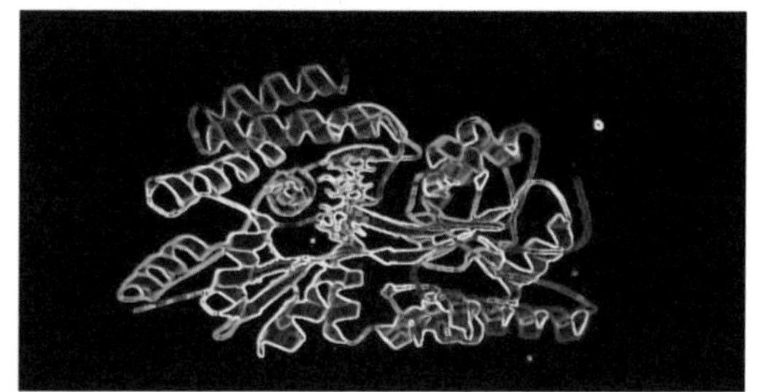

图3-8 核磁共振的技术培训与应用成果

（1）研究动态的生物大分子复合物溶液结构和弱相互作用

核磁共振的主要优点是可以获得原子分辨率的溶液结构。特别是对于那些结构柔性较大的蛋白质、相互作用相对较弱的生物大分子复合物和膜蛋白质，液体核磁共振技术具有独特优势。

例如，研究人员利用上海设施的核磁分析系统的900兆和600兆核磁共振谱仪和独特的技术方法，结合电镜技术，首次揭示了线粒体钙离子单向转运蛋白MCU（Mitochondrial Calcium Uniporter）跨膜核心区域的溶液状态三维空间结构，并通过核磁共振技术，阐述了钙离子与MCU相互作用的分子机制。

研究人员首先通过负染电镜的方法获得了MCU的整体形貌，发现MCU形成了一个花瓶形的同源五聚体。为了攻克这样一个整体相对分子质量达到9万道尔顿以上的蛋白质，上海设施的核磁技术研发团队发展了一整套高效的膜蛋白核磁技术。研究人员充分发挥高场核磁共振谱仪的优势，解析了MCU高分辨率的溶液结构，清楚地揭示了MCU中钙离子特异性选择的通道入口。该研究首次表明，MCU形成的是同源五聚体，与以往报道的其他钙离子通道的结构截然不同，对钙离子的选择机制和转运机制具有独特性。这个结构是迄今为止世界上使用液体核磁共振技术解析出的最大的离子通道结构。

(2) 研究蛋白质的构象动力学

液体核磁共振技术的另一个独特优势，就是研究蛋白质的结构动力学信息。蛋白质的柔性及运动性与功能有密切关系。由于蛋白质是一个残基间相互偶联的动力学系统，配基结合将会引起信号在蛋白质内部的传递，引起别构效应。核磁共振技术特别适合研究蛋白质的动力学。核磁共振研究的时间尺度可以包括从皮秒到秒的范围，得到的动力学信息可以确定所研究的基团。而且，这种动态信息既可以是反映整体蛋白质分子水平的信息，也可以是反映化学基团原子水平的高分辨信息，使人们对蛋白质的认识实现从单一静态的图片到动画的质的提升。这是液体核磁共振技术最独特的优势，其他实验手段无法获得如此丰富的信息。

例如，国家蛋白质科学中心（上海）的研究人员利用上海设施的19F核磁共振方法对蛋白质构象变化比较敏感的技术优势，揭示了组蛋白甲基转移酶MLL（Mixed Lineage Leukemia）家族蛋白活性调控的结构基础。

在该研究中，研究人员首先成功解析了MLL家族蛋白中一系列蛋白单体以及其与底物结合形成活性复合物状态下的晶体结构。然后，通过19F核磁共振实验巧妙地捕捉到了溶液状态下MLL的一个相对柔性模块的多种构象状态。而且核磁共振和分子动力学计算模拟证实了MLL的蛋白溶液结构是高度动态变化的，加入辅因子能够显著地使MLL结构固定在一种活性构象。这种活性构象有利于底物和辅因子的结合，从而增强MLL的甲基转移酶活性。这一成果为深入了解组蛋白甲基转移酶MLL家族蛋白在复合物正确组装活性精确调控等方面的作用提供了坚实的结构基础。

（3）研究蛋白质折叠、稳定性和部分无结构蛋白质构象

无结构的蛋白质，包括去折叠状态的蛋白质、折叠中间态的蛋白质、变性蛋白质，还包括内源的天然无结构的蛋白质。这些结构不稳定的蛋白质，对于了解蛋白质的折叠、聚合、纤维化十分重要。它们与淀粉样变性疾病（如帕金森病、阿尔茨海默病等）有关。核磁共振技术是少数几种能够在原子水平上提供无结构蛋白质多方面信息的方法。此外，探究细胞内部的拥挤环境对于蛋白质稳定性、蛋白质折叠以及蛋白质与配体相互作用的影响效应一直是细胞内核磁共振领域的研究热点。

例如，依托上海设施的600兆核磁共振谱仪和自主设计的脉冲程序，国家蛋白质科学研究中心（上海）的技术人员与用户合作为定量研究蛋白质与环境的五级相互作用设计了实验方法，同时证明蛋白质内部的电场强度可以被细胞环境的五级相互作用所改变。

细胞内的拥挤环境主要通过空间位阻效应和五级相互作用（蛋白质与环境的弱相互作用和静电场相互作用）发挥作用。该研究利用液体核磁共振技术，准确地测量出不同拥挤环境下，模式蛋白质GB3上三种带电荷氨基酸侧链产生的内部电场效应。这是科学家首次利用核磁共振技术定量描述环境五级相互作用对蛋白质内部电场的改变程度。

（4）研究膜蛋白质以及核酸蛋白质复合体

扫码看视频

膜蛋白质在维持细胞结构、发挥细胞功能中具有十分重要的作用，许多人类的疾病来源于膜蛋白质的缺失和结构异常。人类基因组计划的研究结果表明，翻译膜蛋白质的基因在人类总基因中占18.3%。目前超过60%的小分子药物化合物的靶点蛋白是膜

蛋白质。

利用液体核磁共振技术研究膜蛋白质以及核酸蛋白质复合体，是近年来国际生物核磁共振领域研究的热点。这不仅是因为这些实验体系具有非常重要的生物学功能和应用前景，也是因为核磁共振技术可以测得其他实验手段无法获得的信息，特别是膜蛋白质的变构效应，以及核酸蛋白质复合体中的核酸柔性问题。

例如，依托上海设施核磁分析系统的900兆和600兆核磁共振谱仪的硬件优势和独特技术方法，国家蛋白质科学中心（上海）的技术人员与哈佛医学院的用户合作，运用液体核磁共振技术首次揭示了艾滋病病毒包膜刺突（HIV-1 Envelope Spike）跨膜区域的精细三维空间结构。该研究首次在原子水平上展示了艾滋病病毒包膜刺突蛋白质的跨膜结构区域是如何锚定、稳定和调控艾滋病病毒包膜刺突三聚体的分子机理，可以为研制艾滋病病毒疫苗提供新的思路。

(5) 核磁共振新技术和新方法不断涌现

除了上述的近些年液体核磁共振领域的科学家们不断挑战技术极限所获得的突破和进展以外，固体核磁、单分子核磁和核磁共振成像方面的新技术、新方法也在不断涌现。包括：①生物固体高分辨率核磁共振波谱技术。该技术检测的生物大分子及其复合物不受相对分子质量的限制，可以研究膜蛋白质，研究一些人类疾病（如帕金森病、阿尔茨海默病、2型糖尿病）的相关纤维化蛋白质。②细胞内原位核磁共振技术。该技术是唯一有可能在细胞内原位获得生物分子原子分辨率结构信息的方法，特别是研究活细胞内生物分子的代谢过程。③单分子、单自旋生物核磁共振技术。该技术使用金刚石色心，检测金刚石色心表面单分子、单自旋生物分子的核磁共振信号。④超极化核磁共振技术。目前国际上正在尝试用各种超极化方法最大限度地提高核磁共振谱仪的灵敏度，这是下一代核磁共振谱仪，包括核磁共振成像系统的主要目标。

总之，核磁共振技术是迄今为止唯一一项包揽过诺贝尔物理学奖、化学奖、生理学或医学奖的现代检测技术。自1938年伊西多·拉比发现核磁共振现象以来，已经有7位科学家因发现核磁共振现象、发明核磁共振新技术，或将核磁共振技术应用在化学、生物、医学领域的开创性贡献而获得5次诺贝尔奖。现代高场核磁共振技术主要用于探测物质的结构和功能信息，将在推动自然科学发展，促进生命科学、医学和健康应用方面做出更大的贡献。

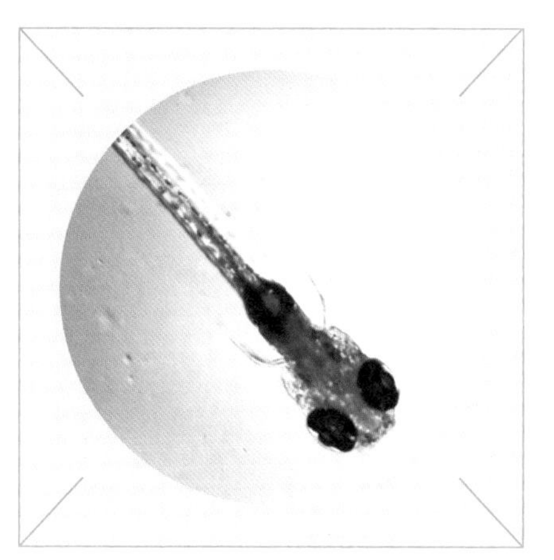

第四章 “慧眼”识英雄——光学显微镜

光学显微镜是生命科学研究的重要工具，借助它，人类可以探索微观世界的奥秘。随着物理、化学、电子、信息等各领域的发展，光学显微镜也应科学研究的不同应用要求发展出了适用于不用试验的样品制作及成像方法，朝着更高空间分辨率、更高时间分辨率、更深成像深度等方向不断迈进。

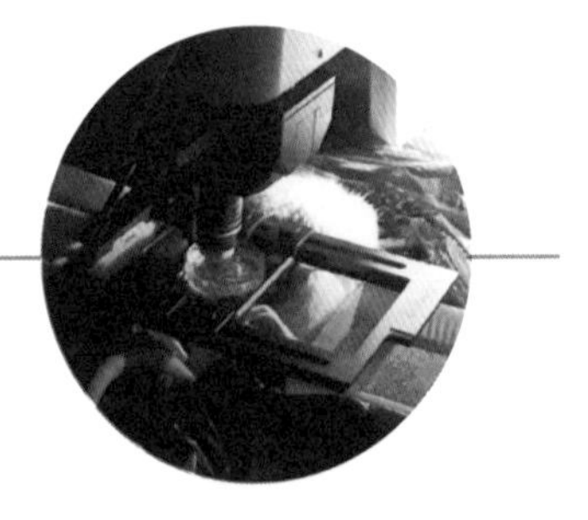

小鼠腹部肠系膜双光子实验。

1　光学显微镜的诞生

显微镜的故事，要从玻璃开始说起。一般认为，玻璃诞生于大约5000年前的美索布达米亚平原，之后传播到了世界各地。16世纪，随着制造业的发展，玻璃慢慢成为一种相对廉价的材料。人们发现凸透镜可以放大物体影像，最大可达数十倍，这就是早期的显微镜，又称为放大镜或单式显微镜。历史上第一台真正意义上的显微镜即复式显微镜是16世纪末期由荷兰眼镜制造商扎卡莱亚斯·詹森（Zacharias Janssen）发明的。它由三个管组成，其中两个是套管，可以滑进作为外管的第三个管内。外管可用手持，当观察样品时可将套管滑进或滑出，当套管伸展到最长时，放大倍数可达10倍。这个放大倍数看似不及单式的凸透镜，其意义在于它是最早的变焦镜头，同时有了复式镜片组合的结构基础，制造工艺也很简单，不需费劲去磨制极小的透镜。

图4-1　扎卡莱亚斯·詹森的复式显微镜（1841年复刻版）

遗憾的是，显微镜在被发明后的很长一段时间里，并没有得到人们的重视，直到很久以后才被科学家广泛使用。罗伯特·胡克（Robert Hooke）和安东尼·菲利普斯·范·列文虎克（Antonie Philips van Leeuwenhoek）这两位同时期的科学家为显微镜的发展做出了杰出贡献。

胡克是17世纪英国最杰出的科学家之一，曾被誉为“英国皇家学会的双眼和双手”。他在显微镜中加入粗动和微动调焦结构、照明系统和载物台，这些部件经过不断改进，已成为现代显微镜的基本组成部分。他开创性地将显微镜应用于生物观察。1665年1月，胡克的《微物图解》（*Micrographia*）一书出版，第一次将通过显微镜观察放大后的昆虫、植物等图像绘制出来。他在观察软木薄片时发现一个个排列紧密的小格子，他将其描述为“cells”。虽然他观察到的并非生物学意义上的细胞，“细胞”（cell）一词却由此衍生而来，从此被生物界采用。《微物图解》的出版在当时引起轰动，书中那些描述微观世界的插图彻底颠覆了大众的想象力，激发了人们利用显微镜开展科学研究的热情。

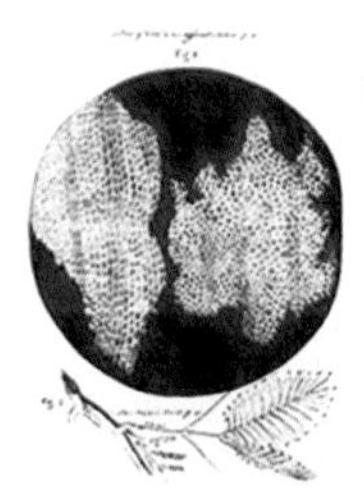

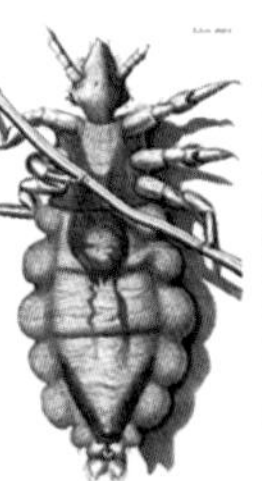
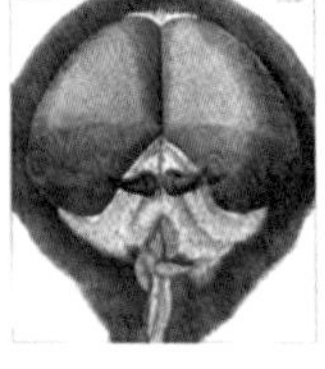
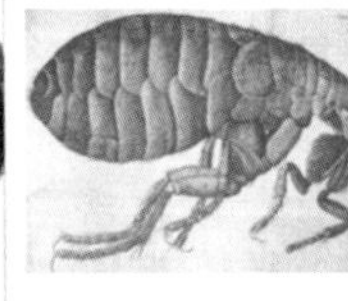
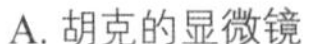

A. 胡克的显微镜　B. 软木薄片细胞结构　C. 虱子　D. 灰色食蚜蝇　E. 跳蚤

图4-2　胡克的显微镜及显微镜下的生物

列文虎克也是《微物图解》的追捧者。他磨制的单一透镜的放大倍率达到270倍，这几乎已经是光学显微镜的极限。典型的列文虎克显微镜很小，结构巧妙，是由一个扁平宽大的镜身、一个镜头、一个针形载物台、两个螺钉构成的。透镜被镶嵌在两块凿出小孔的黄铜片之间，螺钉可以用于调节标本与透镜之间的距离，以调整焦距。使用时，先将标本固定在针尖上，拿起显微镜对准光源，调节螺钉使影像达到最佳状态便可观察。

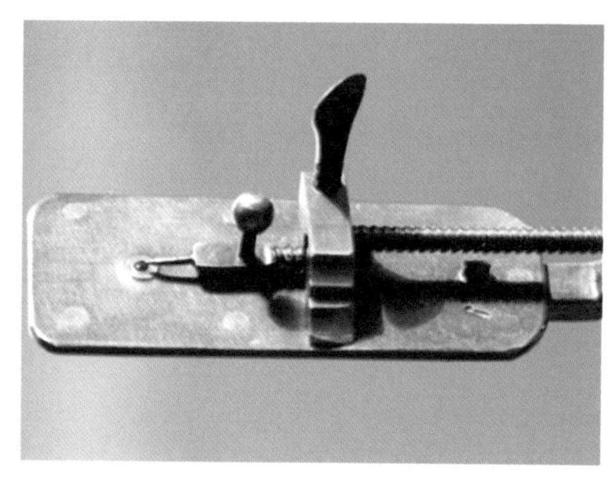

图4-3 列文虎克显微镜

列文虎克是第一个在显微镜下发现原生生物及细菌并且正确记录和描述了形态的科学家，因此被称为“光学显微镜与微生物学之父”。微生物学的诞生，为预防各类由细菌引发的疾病、促进健康检查、种痘、药物研制等一系列提高人类生活品质的现代医学奠定了坚实的基础。此外，列文虎克也是最早记录观察肌纤维、精子、毛细血管中的红细胞的科学家。

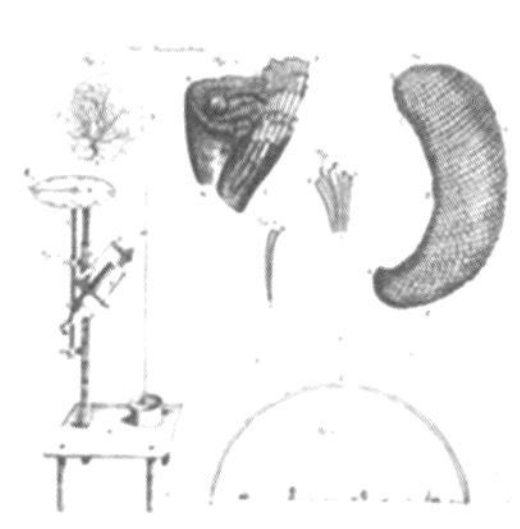

A. 甲壳虫眼睛

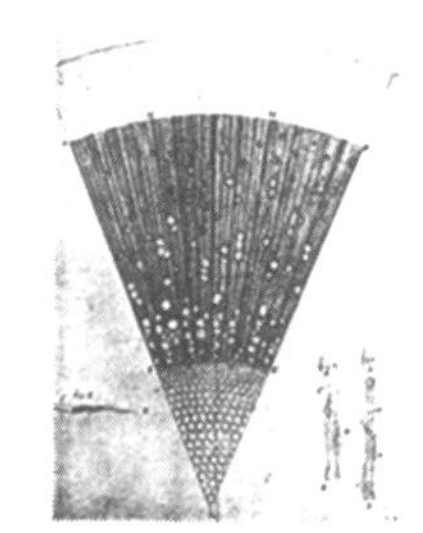

B. 一年生白蜡树切片

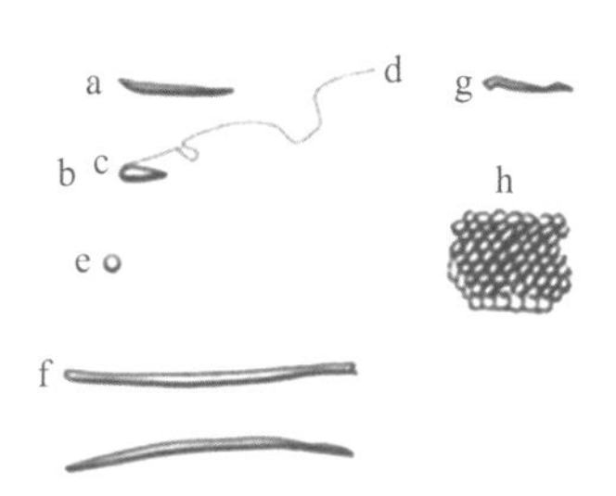

C. 细菌。a、b、f表示细菌，c、d表示移动，e、h表示球菌，g表示螺旋菌

图4-4 列文虎克显微镜下的生物

回眸历史，引路人勇敢坚毅的脚步声仿佛仍在回荡。由此开始，显微镜作为重要的研究手段正式走上科学研究的舞台，推动着现代生物学以及其他自然科学的研究不断向前发展。

2 各类技术的出现对显微镜发展的促进作用

复式显微镜的设计虽然可以增加放大倍数，但也带来了球差和色差增大的问题，因此列文虎克的单透镜设计在实际成像效果上要优于复式显微镜，以至于科学家们在很长一段时期内继续使用单透镜显微镜，直到消色差透镜的出现，这一情况才得以改变。

恩斯特·阿贝（Ernst Abbe）和奥特·斯科特（Otto Schott）、卡尔·蔡司（Carl Zeiss）并称为现代光学的奠基人。蔡司光学仪器公司由卡尔·蔡司于1846年成立。1866年，阿贝加入蔡司光学仪器公司担任研究总监，并于1868年发明了复消色差物镜，1870年发明了用于显微镜照明的聚光器。1872年，他们联合制作出了复式显微镜，这台复式显微镜是现代所有复式显微镜的始祖。

1904年，奥古斯特·科勒（August Köhler）制造出了第一台紫外显微镜。科勒发现用较短的紫外光激发某些物质会诱导长波长荧光的发射。

荧光光谱较相应的吸收光谱红移，被称为斯托克斯位移。以荧光染料 Alexa Fluor 555为例，说明发射波长比激发波长要长。

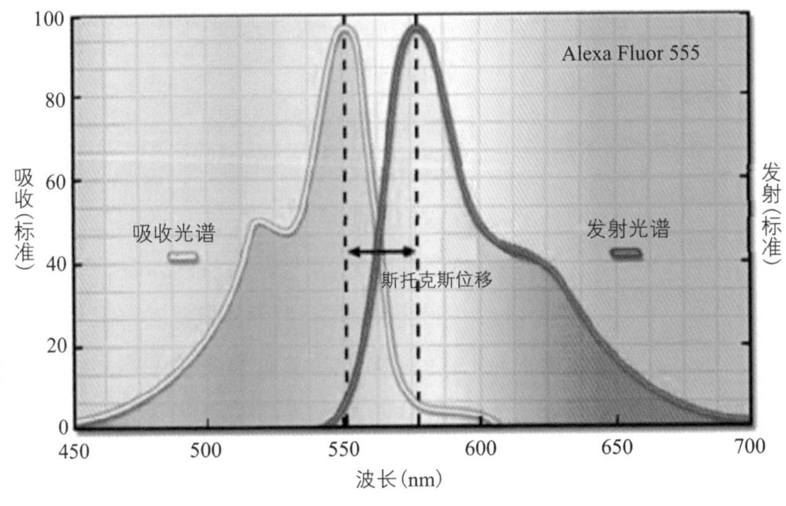

图4-5 荧光吸收及发射光谱

1911年，奥斯卡·黑姆斯泰特（Oskar Heimstadt）根据科勒的发现发明了第一台荧光显微镜。1929年，菲利浦·埃林杰（Philipp Ellinger）和奥古斯特·赫特（August Hurt）发明了落射荧光显微镜（Epi-fluorescence microscope）。然而，直到1967年，约翰·塞巴斯蒂安·富勒姆（Johan Sebastian Ploem）发明二色滤光片，大大降低了背景噪声，落射荧光显微镜才真正得到普及应用。

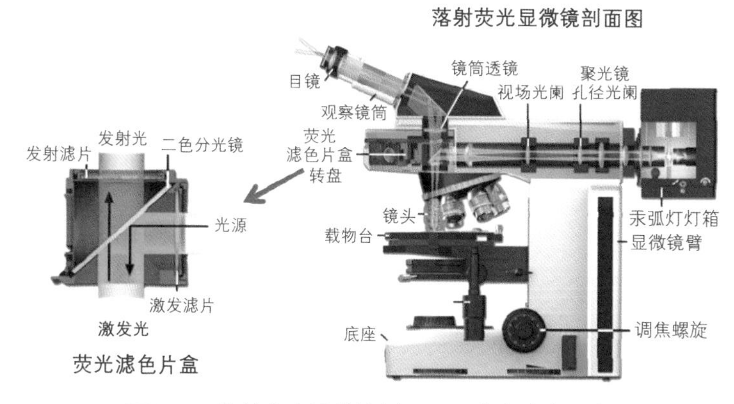

图4-6 落射荧光显微镜剖面图及荧光滤色片盒

在显微镜本身结构发展的同时，显微观察技术也在不断创新：1850年出现了偏光显微术；1893年出现了干涉显微术；1935年，荷兰物理学家弗里茨·泽尼克（Frits Zernike）创造了相衬显微术，并因此获得了1953年诺贝尔物理学奖。

古典的光学显微镜只是光学元件和精密机械元件的组合，以人眼作为接收器来观察放大的像。后来在显微镜中加入了摄影装置，以感光胶片作为记录和存储的接收器。现代又普遍采用光电元件、光电倍增管和电荷耦合器等作为显微镜的接收器，配以微型电子计算机构成完整的图像信息采集和处理系统。

3 染色技术、荧光染料和免疫荧光技术、荧光蛋白

（1）染色技术

组织或者细胞本身多数是无色的，染料的发现和应用提高了显微镜下样品的对比度，使以前看不清楚甚至无法区分的结构在显微镜下变得清晰可见。

约瑟夫·格拉克（Joseph Gerlach）通常被认为是第一个认识到染料重要性并对染色方法进行详细描述的科学家。1873年，卡米洛·高尔基（Camillo Golgi）发明了高尔基复合体镀银染色法，圣地亚哥·拉蒙-卡哈尔（Santiago Ramón-Cajal）利用此方法对大脑进行了精细的神经解剖学观察，推翻了当时科学家们普遍认为的神经系统是一个网状结构的观点，用事实证明神经细胞不是连续的，而是分开的，神经细胞之间的联系是靠接触而非连续性的，为此后的"神经元学说"提供了有力的证据。1906年的诺贝尔生理学或医学奖颁给了这两人，以表彰他们在神经系统结构研究中所做的贡献。

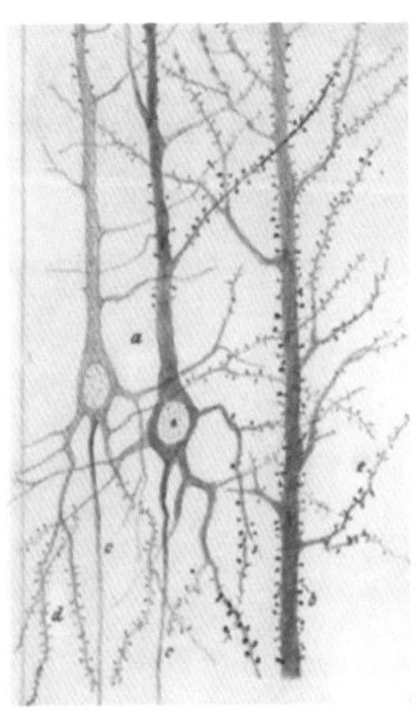

图4-7 圣地亚哥·拉蒙-卡哈尔和他绘制的兔子大脑皮层锥体细胞图（1896）

苏木精和伊红染色，又称H&E染色，是组织学最常用的染色方法之一。它的发展有赖于碱性和酸性染料对不同组织结构的结合程度不同：苏木精可以将嗜

碱性结构染成蓝紫色，而伊红可以将嗜酸性结构染成粉红色。嗜碱性结构通常包括含有核酸的部分，如核糖体、细胞核及细胞质中富含核糖核酸（RNA）的区域等。嗜酸性结构则通常是指细胞内及细胞间的蛋白质，如路易体（Lewy body）、酒精小体（Mallory body）、细胞质的大部分。1904年，古斯塔夫·吉姆萨（Gustav Giemsa）利用伊红和亚甲基蓝组成了吉姆萨染液（Giemsa stain）的基础，至今仍然被用来诊断疟疾和其他寄生虫。1924年，罗伯特·福尔根（Robert Feulgen）发现，DNA发生酸性水解的化学反应后，其染色体物质可以被着色，这一发现成为现代细胞组织化学技术的基石。

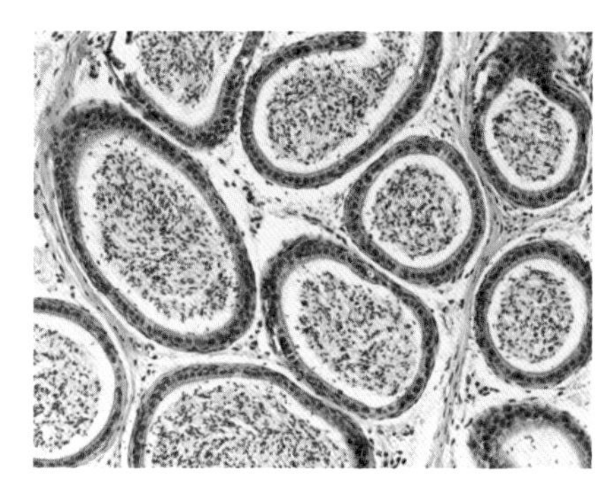

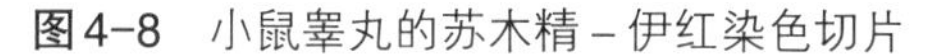

图4-8 小鼠睾丸的苏木精–伊红染色切片

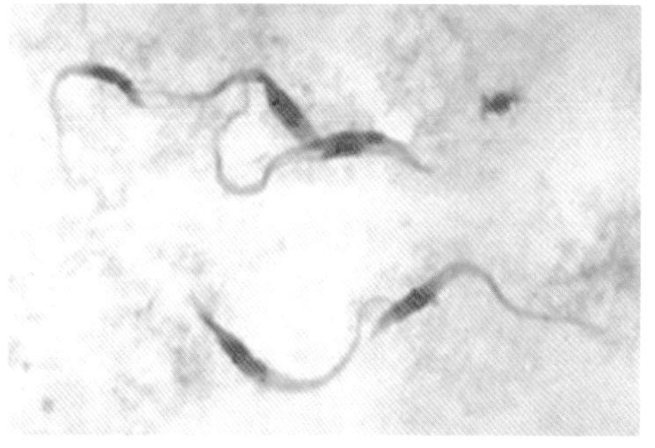

图4-9 吉姆萨染液显现之锥虫寄生虫（查加斯病病原体）

（2）荧光染料和免疫荧光技术

染料是通过改变不同细胞结构的光吸收性能来增加对比度的，但是提升的程度有限，且对活细胞有毒性，也很难对某些组织和细胞器进行特异性染色。荧光染料的出现极大地提高了对比度，然而荧光显微镜的发展却落后于荧光染料。对荧光最早的描述通常认为可以追溯到1565年，尼克拉斯·莫纳德斯（Nicolás Monardes）指出了一种来自菲律宾紫檀木的提取物的荧光特性。1845年，约翰·赫歇尔（John Herschel）描述了硫酸奎宁的荧光特性，被认为是观察到荧光并认识到其重要性的现代里程碑。1852年，乔治·加布里埃尔·斯托克斯（George Gabriel Stokes）创造了“荧光”（fluorescence）一词来描述在受激激发后产生的光发射现象。随着合成染料产业的发展，1871年，约翰·弗雷德里克·威廉·阿道夫·冯·贝耶尔（Johann Friedrich Wilhelm Adolf von Baeyer）首先分析出吲哚的结构并合成荧光黄（fluorescein），他因此获得了1905年诺贝尔化学奖。1882年，德国免疫学家保罗·埃尔利希（Paul Ehrlich）利用荧光素钠，确定了眼睛中房水分泌物的路径，这是第一次将荧光染料运用于动物生理学的研究。在第一台荧光显微镜发明后不久的1914年，就有科学家将它应用在细胞生物学上，来作为提高细胞和组织自发荧光的手段。

1942年，艾伯特·库恩斯（Albert Coons）和哈佛大学合作，获得了异氰酸荧光黄的粗制剂，用它标记了抗肺炎球菌菌株3血清。抗体保持对肺炎球菌菌株3血清的特异性，肺炎球菌菌株2血清无法被标记上。为了检测抗体是否可以探测到组织中的细菌，他们取出被肺炎球菌菌株3感染过的小鼠器官，标记上荧光抗体，当探测到明亮的荧光信号时，标志着免疫荧光显微镜的时代来临了。

尽管技术日新月异，但是免疫荧光技术自第一次描述至今，基本思路没有更改，即先用一抗标记生物样品，然后用带有荧光的二抗去标记一抗，或者直接用带有荧光的一抗标记。由于抗体只结合特异性的抗原分子，不仅提高了标记的特异性，而且还因为荧光染料的应用提高了对比度。

（3）荧光蛋白

无论是染料、荧光染料还是免疫荧光技术，都有一个共同的缺点：大多无法在活体状态下进行成像，失去了所研究生物对象在时间、空间及内环境下固有的特性。相信一定有不少从事科学研究的工作者们对《生活大爆炸》这部美剧不陌生，剧中的谢尔顿是一个智商高达187的物理天才，在家脑洞大开地研究发光鱼。当他入睡时，他的研究成果照亮了他的卧室，这就是荧光蛋白在活体表达的艺术呈现。

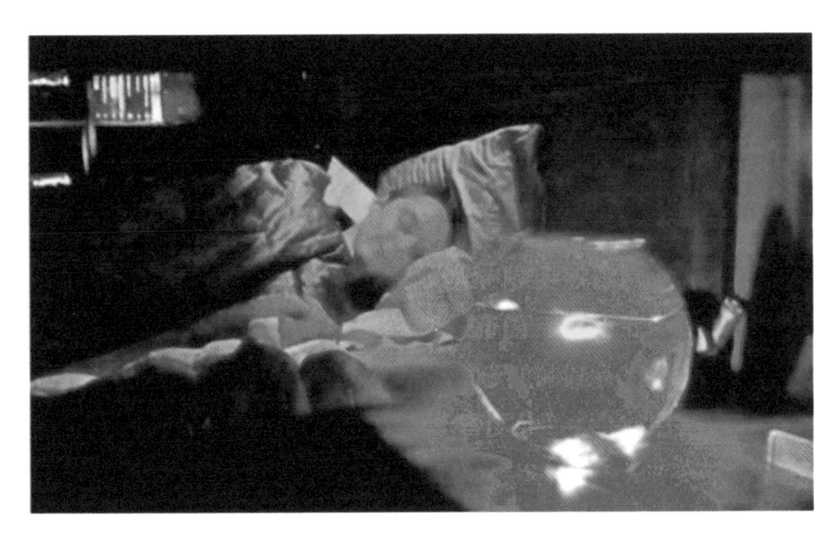

图4-10 《生活大爆炸》剧照

绿色荧光蛋白（green fluorescence protein，简称GFP）最初是由日本科学家下村修（Osamu Shimomura）等于1962年在提纯维多利亚发光水母（Aequorea victoria）的发光蛋白（aequorin）时发现的。在下村修的基础上，1993年，道格拉斯·普瑞泽（Douglas Prasher）找到并克隆了GFP的DNA序列片段，他将其研究成果无偿分享给了几乎所有和他有联系的科学家，其中就包括马丁·查尔菲（Martin Chalfie）。这些科学家成功地将GFP重组体转入大肠杆菌、线虫及拟南芥中。1994年，查尔菲等在《科学》上发表文章，阐明了来源于维多利亚发光水母中的绿色荧光蛋白不需任何水母中的辅助因子即可单独在细菌和线虫中表达，为研究活体内的生命机制提供了有力的手段。

两个触觉感受器的神经元（ALMR和PLMR）胞体通过绿色荧光蛋白进行标记，在图中显示为两个强荧光点。箭头所指的是在虫体另一侧离焦的此类细胞。粗箭头指向的是ALMR细胞分支出的神经环（离焦）；细箭头指向的是弱荧光细胞体。

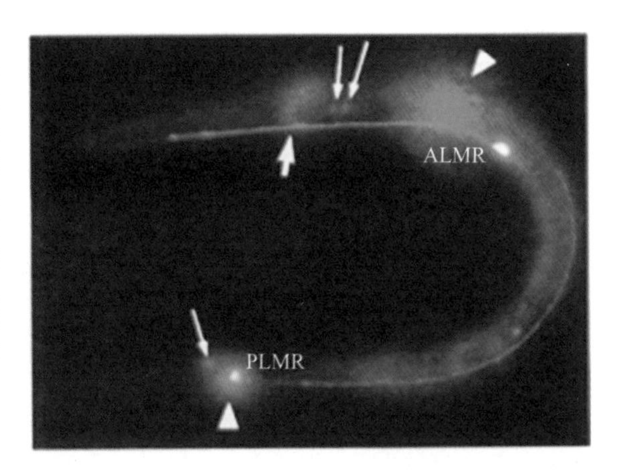

图4-11 秀丽隐杆线虫幼虫中绿色荧光蛋白的表达

得到这份馈赠的还有加州大学圣地亚哥分校的科学家钱永健。1994年，钱永健发现氧分子就是那个参与GFP加工的因子，它的广泛存在使GFP可以在绝大多数生物体中形成成熟的发光基团并发出荧光。钱永健团队在GFP序列中引入突变，从发光颜色、成熟速度、发光亮度以及发光的稳定性等方面对原始GFP进行改造，使其发光更亮、更具光稳定性、更易被光激活，与传统显微镜滤块设置更加匹配，更适合在活体生物上工作，这极大地提高了它的可利用性。他们还开发出了青色荧光蛋白和黄色荧光蛋白。在谢尔盖·A. 卢基扬诺夫（Sergey A. Lukyanov）发现红色荧光蛋白后，他们又对原始红色荧光蛋白进行了改造。如此一来，就可以在活体成像实验时利用不同颜色的荧光蛋白来标记不同的组织结构，使得科学家们能够在活体细胞中同时追踪不同的细胞进程。

2008年的诺贝尔化学奖授予了下村修、马丁·查尔菲和钱永健三位科学家，以表彰他们在发现和发展GFP方面做出的卓越贡献。GFP的发现和发展带给人们的不仅仅是GFP工具本身，它在方法和思路上带来的影响更为深远。GFP诱发的革命直接带动了光学成像技术在生命科学研究中的广泛应用和飞速进步。人们不

图4-12　钱永健实验室用整合荧光蛋白的微生物创作了《夏威夷海滩》

仅可以通过GFP及其衍生物来观察生物大分子的定位、结构、物理运动，还可以观察到微观粒子和生物大分子生物活性的动态特征。更加让人振奋的是，人们已经可以通过荧光蛋白，用光学成像的方法来控制生物大分子的活性，如近年来名声大噪的光通道蛋白、光转换荧光蛋白就是证明。从此，荧光蛋白成为科学家手中强有力的武器，有力地推动着生命科学研究大步向前。

图4-13　三种不同荧光蛋白在小鼠大脑内组合表达出十种不同颜色的神经元；在显微镜下每个单独的神经元都显示出不同的颜色

4　单光子共聚焦显微镜与多光子显微镜

传统的显微镜由于非焦面信号的干扰，几乎谈不上分辨率。20世纪60年代，共聚焦显微镜应运而生。它通过共轭的两个针孔分别限制光源发出和到达检测器的光都是焦平面的光，大大提高了图像的对比度。

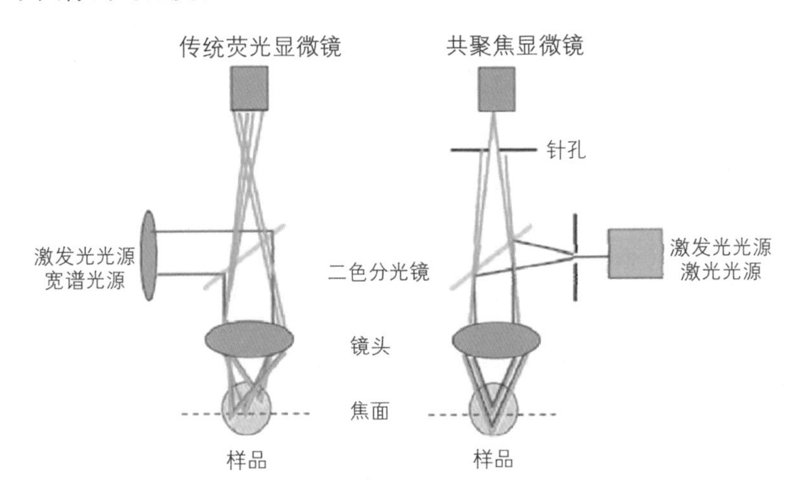

图4-14 传统荧光显微镜和共聚焦显微镜的光路差别图

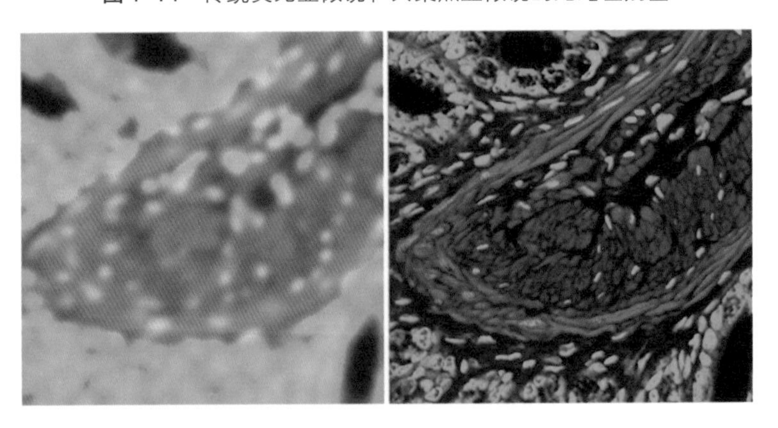

图4-15 20微米厚肠切片宽场荧光和单光子共聚焦成像对比图（左为宽场照明成像图，右为共聚焦显微镜成像图）

随后，激光因单色性好且功率稳定，替代了之前的宽谱光源，用激光作为光源的共聚焦显微镜又叫作激光共聚焦显微镜。它拥有更快的成像速度和更高的分辨率，最重要的是能为获取荧光图像提供有效的光源。1987年，德国的格里特·范·米尔（Gerrit van Meer）等应用激光共聚焦显微镜追踪用荧光标记过的新合成神经鞘脂的运输，激光共聚焦显微镜在分析亚细胞结构方面的优势由此显现。

针孔的设计也在不断改进，转盘式激光共聚焦显微镜就是在激光显微镜的基础上加入微透镜转盘和针孔转盘。前者将激光有效地进行会聚，后者使得同时有多个针孔进行成像，大大地提高了成像速度，并且减少了激光停在样品上的时间，降低了光毒性及光漂白，适用于活细胞样品长时间成像及快速采集的实验。

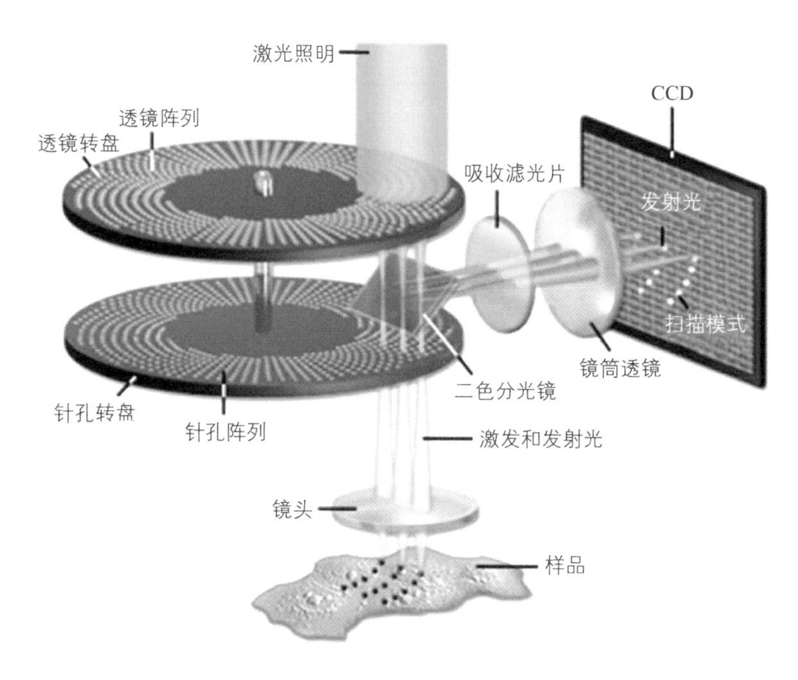

图4-16 转盘式激光共聚焦显微镜光路图

由于组织对可见光区域的较强吸收和散射，要观察深层组织中的细胞，传统的荧光显微镜和激光共聚焦显微镜都无法实现，而双光子显微镜克服了这个缺点，成为厚组织样品成像的有力工具。

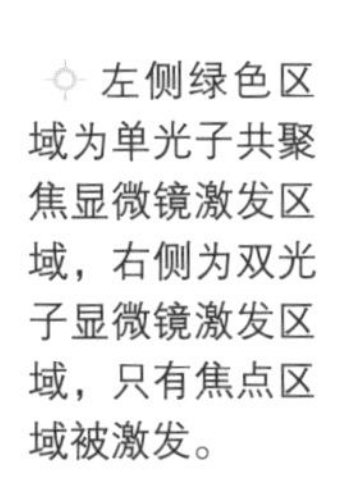

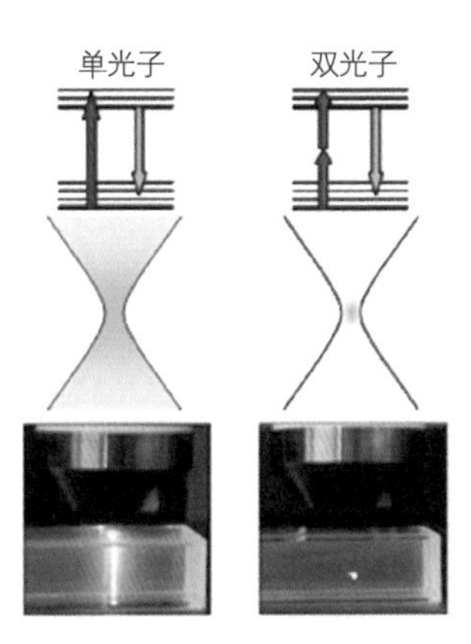

左侧绿色区域为单光子共聚焦显微镜激发区域，右侧为双光子显微镜激发区域，只有焦点区域被激发。

图4-17 单光子共聚焦显微镜和双光子显微镜激发区域对比图

知识链接

双光子吸收效应 双光子吸收效应在量子光学领域是一个历史悠久的理论，1931年由玛丽·戈佩特－迈耶夫人（Maria Goeppert-Mayer）提出。30年后，W. 凯撒（W. Kaiser）和C. G. B. 加勒特（C. G. B. Garrett）利用红宝石激光器为激发光源，首次观测到了双光子吸收所引起的荧光发射现象，这一理论才得到证实。双光子激发的波长约是单光子激发的波长的2倍，发射波长却相近。双光子激发光的穿透力好，且光漂白及光损伤小，对活性标本的杀伤极小，因此非常适用于活细胞成像，以及厚的活组织如脑片、胚胎、整个器官甚至整个机体的成像研究。近年来，光遗传、光刺激也更多地和双光子技术结合用于研究中。

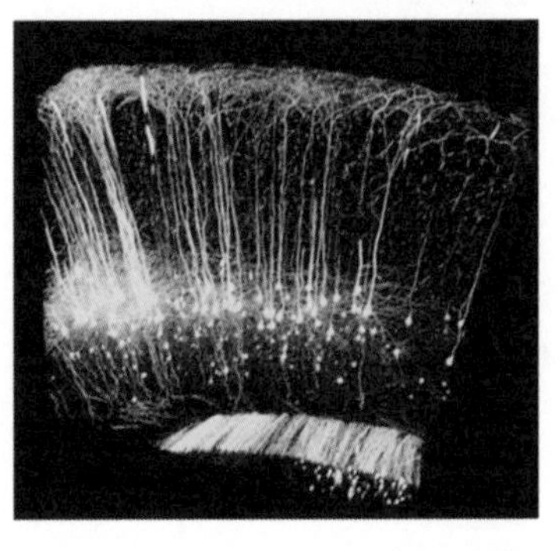

图4-18 双光子深层脑组织扫描

扫码看视频

那么，是不是光子数越多越好呢？三光子显微镜会不会在活体深层扫描上更优于双光子显微镜呢？三光子显微镜的研究早在20世纪90年代双光子显微镜面世的时候就已经开始了，然而由于激光技术的不成熟，一直没有得到长足的进展。2013年1月，康奈尔大学的物理学家克里斯·许（Chris Xu）发布了他们的新三光子显微镜。利用研发的1675纳米全新高脉冲能量激光进行三光子激发，在活体条件下观察采集到鼠脑1400微米厚度的Z轴序列图像（4微米步进）并进行了数据的3D重构，显示了与双光子成像相比，三光子显微镜在采集深度和信号背景比上有更强大的能力。

5 超高分辨率显微镜

前面我们提到了很多与显微镜发展相关的技术，然而显微镜的分辨率却始终没有突破1873年由恩斯特·阿贝提出的光学衍射极限的限制。很多细胞器以及蛋白质分子的尺度突破了衍射极限的范围，想将这些进程可视化、能被观察到，就需要在实质上提升显微镜的分辨率。

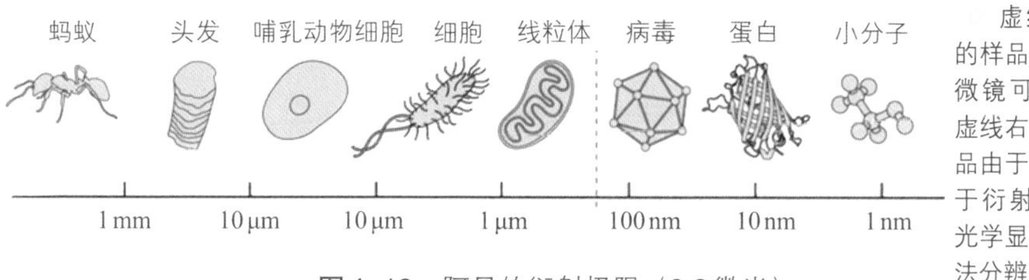

图4-19 阿贝的衍射极限（0.2微米）

虚线左边的样品光学显微镜可分辨，虚线右边的样品由于尺寸小于衍射极限，光学显微镜无法分辨。

知识链接

光学衍射极限计算法则公式为：$d = \frac{\lambda}{2NA}$。NA为数值孔径，λ为激发光的波长。从公式中可以知道，提高分辨率有两种办法，一种方法是提高物镜的数值孔径，然而数值孔径提高到一定程度就很难再提高了；另一种方法是降低激发光的波长，如电子显微镜。然而，使用电子显微镜成像，需在真空条件下进行，样品需经过特殊的处理，会破坏样品本身的活性和结构，无法进行活体成像。

为了突破衍射极限，从本质上提高光学显微镜的分辨率，科学家不断尝试，开发了很多技术，如数字全息、全内反射荧光、近场光学扫描、I5M、4π、饱和结构光照明、受激发射损耗、光敏定位以及随机光学重构等技术。下面介绍几种代表性技术的原理及其应用。

（1）受激发射损耗显微镜

1994年，德国科学家斯特凡·黑尔（Stefan Hell）开创性地提出受激发射损耗显微镜（stimulated emission depletion microscope，简称STED）理论，即采用一束面包圈形的损耗光束将荧光显微镜点扩散函数边缘的分子荧光从激发态受激损耗到基态，缩减激发光区域至只有中心区域发射荧光，实现点扩散函数的压缩，从而实现突破衍射极限的超高分辨率成像（见图4-20）。2000年，黑尔研制出受激发射损耗显微镜，该显微镜的分辨率是传统共聚焦显微镜的2倍，通过该显微镜能够清晰地观察到大肠杆菌细胞膜的球形结构。

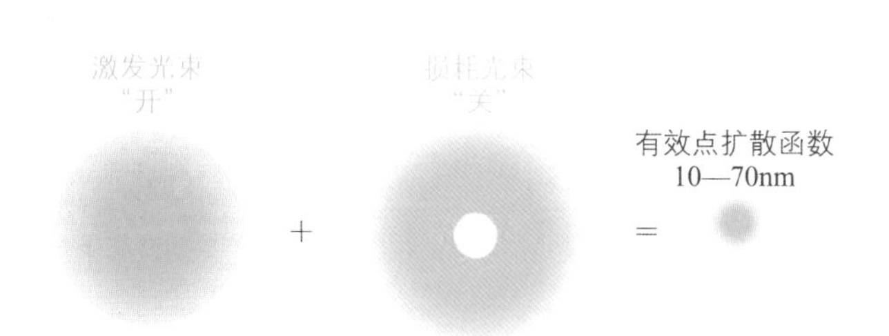

图4-20 STED的原理示意图

此后STED技术不断发展完善并广泛应用到生物研究中去。2008年，黑尔等使用STED观察到了离体培养的神经细胞轴突中突触囊泡的运动过程；2012年，他们利用STED直接观察活体成年小鼠的大脑皮质，清晰地观察到蘑菇头形的树突棘。对STED观察到的神经细胞的动态影像进行分析发现，在和相邻突起建立或者断开连接时，树突棘头部和颈部会晃动并改变形状。这些超精细动态成像研究有助于理解神经突触功能异常引发的疾病。

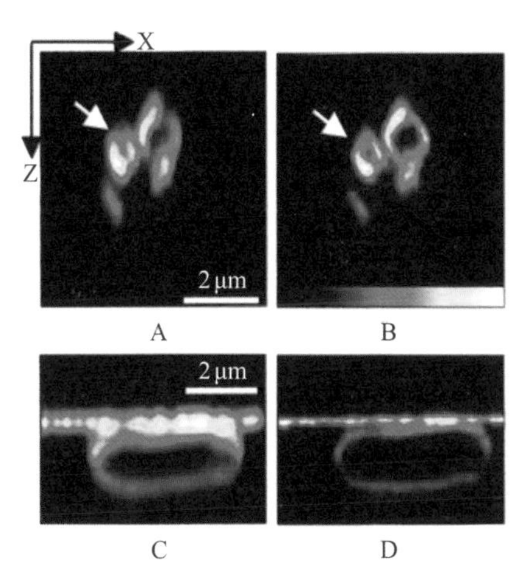

A. 标准共聚焦显微镜XZ轴成像，酿酒酵母细胞(S. cerevisiae)，标记液泡膜。B. STED成像结果，轴分辨率显著提升，共聚焦模式无法识别小的液泡的膜，STED能够更好地展示其球形的结构。对于大肠杆菌细胞膜的XZ轴成像效果来说，D中STED模式下的轴向分辨率比C中共聚焦模式下提高了3倍。

图4-21 在活细胞拍摄中，STED使分辨率得到有效提升

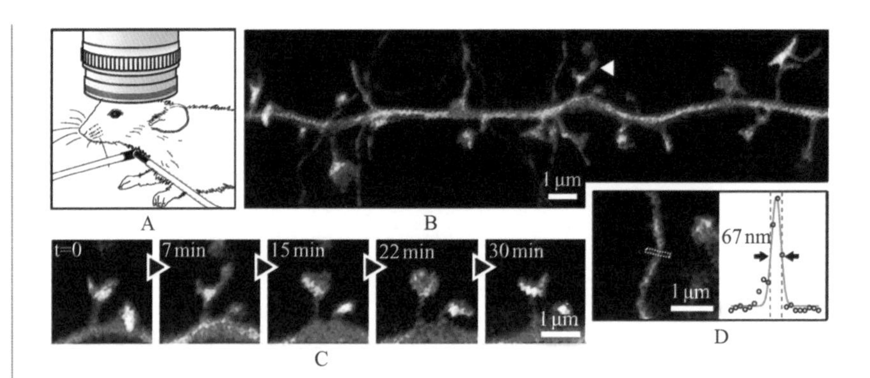

图4-22 鼠躯体感觉皮质层神经细胞（EYFP标记）STED成像

A. 将连接气管导管的麻醉小鼠放在物镜下（63×，NA1.3，甘油物镜）；B. 树突和轴突的三维投影；C. 树突棘随着时间的动力学变化；D. 和衍射限制的显微成像相比，分辨率最大提升了4倍。

（2）结构照明显微镜

结构照明显微镜（structured illumination microscope，简称SIM）是由麦茨·古斯塔夫松（Mats Gustafsson）于2000年发明的。图4-23这种座椅在日常生活中非常常见，在椅背上可以看到条纹状图案，如果凑近看，可以发现是椅子上的网状织物叠加而成。这在科学上被称为莫尔条纹。由于织物的网格比较密且不易被看到（频率高），莫尔条纹则比较粗容易被看到（频率低），因

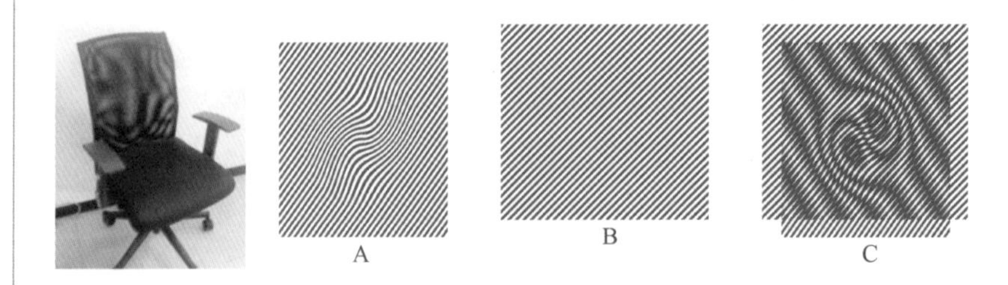

图4-23 通过莫尔效应提高分辨率

一个结构未知样品A和另一已知调制照明光束B相结合，就会产生莫尔条纹C。当样品结构的空间频率和预设图形图案的频率不相同时就会产生莫尔条纹。尽管原有高频信号不能被识别，但是莫尔条纹信号足够被显微镜捕捉到，难以察觉的样品信息就可以通过条纹反推出来。

此如果知道B的结构和A+B所叠加的莫尔条纹，将不能探测的高频转化为能探测的低频，就能够反推出A所携带的精细结构信息。这就是SIM的精义——另辟蹊径，突破衍射极限，有效地提高横轴分辨率达2倍之多。

2000年，古斯塔夫松等利用SIM对人宫颈癌细胞（HeLa细胞）中的肌动蛋白细胞骨架成像，获得横向分辨率达到110纳米的超高分辨率影像。为了改善SIM的性能，科学家还发展了非线性结构光照明显微镜、多色3D SIM等。

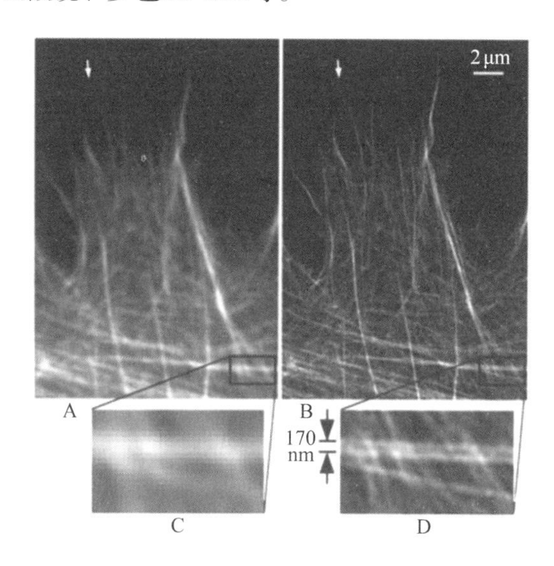

图4-24 HeLa细胞边缘肌动蛋白细胞骨架

A和C是由传统显微镜拍摄的，B和D是由结构照明显微镜拍摄的。C和D分别是A和B中框中信号的放大。在结构照明超高分辨率显微镜下，可以区分粗细低于衍射限制的骨架纤维（D），A中箭头所指纤维的半高宽约280—300纳米，而B中同一根纤维的半高宽可达到110—120纳米，分辨率提高一倍以上。

SIM相对于其他超高分辨率技术，原始图像数目更少，照明光功率更低，其光学系统的传递函数对高分辨率信号的传递效率较高，因此被认为更适合活体成像。但SIM的分辨率却不是最高的，因此科学家开始想办法使SIM适用于活细胞的快速成像的同时提高分辨率。李栋研究员和埃里克·贝齐格（Eric Betzig）教授利用徐平勇课题组发展的一种新型反复光激活荧光蛋白和结构光激活非线性SIM技术，获得了在细胞运动和改变形状的过程中骨架蛋白的解体和自身再组装过程，以及细胞膜表面的微小内吞体动态过程的影像（45—62微米空间分辨率）。此外，贝齐格教授的团队还利用已经商业化的高数值孔径物镜将SIM的空间分辨率提高到了84纳米。

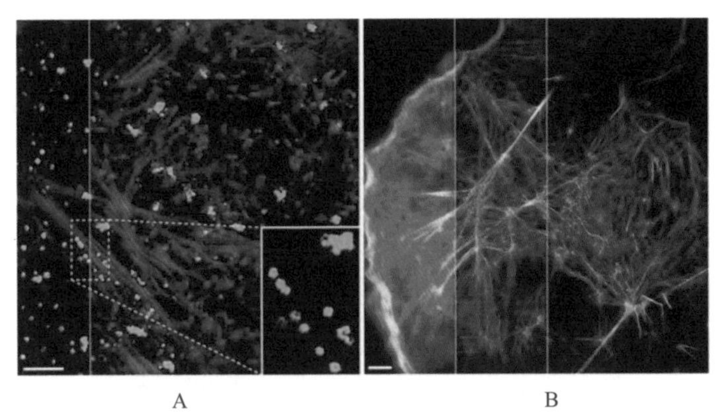

图4-25 两种提升活细胞成像分辨率至100纳米以下的方法

A：双色高数值孔径物镜的全内反射结构光显微成像技术（high NA TIRF-SIM），分辨率为84纳米。紫色：肌动蛋白（actin）；绿色：内吞小泡（clathrin-coated pits，简称CCP）。B：基于反复光激活荧光蛋白（Skylan-NS）标记的肌动蛋白细胞骨架的（左）有衍射限制的全内反射TIRF成像（分辨率为220纳米）；（中）全内反射结构光TIRF-SIM成像(分辨率为97纳米)；（右）结构光激活非线性SIM（PA NL-SIM）成像（分辨率为62纳米）。标尺，2毫米（A）；3毫米（B）。

（3）单分子定位超高分辨率显微镜

从大量分子中获取单个分子的信息需要所有分子的运动严格同步，这是非常难以实现的。系统测量的结果是无数个分子集体表现的平均信息，掩盖了单个分子运动的个体特性，因此迫切需要发展单分子技术。1989年，威廉·E. 莫尔纳（William E. Moerner）首次观测到并五苯分子的单分子光谱，为单分子的识别和探测奠定了基础。

科学家利用可达到纳米精度的单分子定位方法来发展亚衍射

分辨率的技术。比如埃里克·贝齐格和哈拉尔德·赫斯（Harald Hess）的光敏定位显微镜（photoactivated localization microscope，简称PALM）、庄小威的随机光学重建显微镜（stochastic optical reconstruction microscope，简称STORM）、塞缪尔·赫斯（Samuel Hess）的荧光光敏定位显微镜（fluorescence photoactivation localization microscope，简称FPALM）等，都是利用光活化或者光转化荧光素或蛋白和高精度单分子定位相结合来突破衍射极限。尽管它们的细节有差别，但都基于一个原则：每次随机激活样本中的少部分分子发射荧光，接着对这些分子进行高精度的定位，通过获取足够多的图像并对这些图像中的分子定位信息进行重构，从而获得超高分辨率的图像。

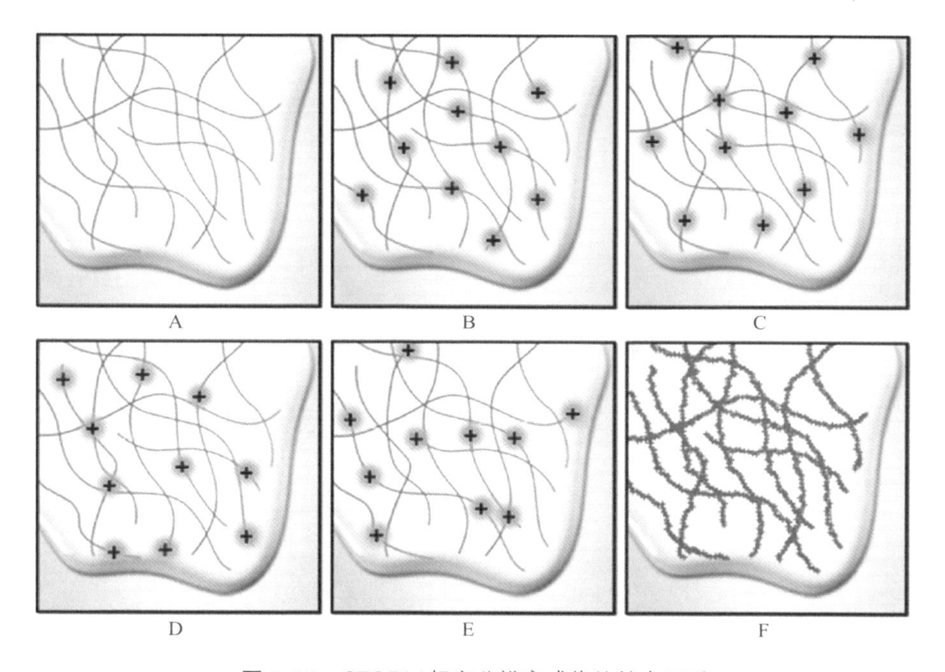

图4-26　STORM超高分辨率成像的基本原则

A：未激活状态样品；B、C、D、E：随机激活样本中的少部分分子发射荧光，接着对这些分子进行高精度的定位；F：获取足够多的图像并将这些图像中的分子定位信息进行重构，从而获得超高分辨率的图像。

庄小威教授是这个领域的领军人物之一。2007年，庄小威等采用双色STORM记录多种蛋白质的空间位置，阐明网格小窝蛋白与细胞骨架蛋白之间的位置关系，且每种颜色的分辨率都可以达到20—30纳米。2008年，他们首次利用3D-STORM拍摄肾细胞内微管结构，该技术的空间分辨率比传统3D光学成像技术高10倍。2013年，他们利用双物镜STORM技术揭示了神经细胞中肌动蛋白及其相关蛋白的空间结构，发现肌动蛋白呈指环状，缠绕在神经轴突的外周，沿轴突中心均匀分布，间隔长度具有周期性，约为180—190纳米。这一成果为研究神经元的极性、运输、神经突触的生长等提供了理论基础。

2014年10月8日，瑞典皇家科学院宣布，当年的诺贝尔化学奖授予美国科学家埃里克·贝齐格、威廉·莫尔纳和德国科学家斯特凡·黑尔，以表彰他们为发展超高分辨率荧光显微镜所做出的杰出贡献。

6 复合激光显微镜系统

随着各类光学成像设备与技术的发展和普及，越来越多的科学家得益于此。上海设施在计划建设时就前瞻性地考虑到了这一点，建设了复合激光显微镜系统。复合激光显微镜系统作为上海设施的重要组成部分，主要用于研究蛋白质细胞定位、组织或细胞的微细结构和蛋白质分子在细胞内的动态过程等，在观察活组织内蛋白质的结构和功能的动态变化、细胞网络的协同活动方面有突出优势。上海设施通过建立和发展复合激光显微成像平台，建成高时空分辨率、高通量活细胞分析及原位蛋白质示踪等蛋白质功能分析系统，实现了瞬时蛋白质高空间分辨率的定位，能在活细胞状态下实时追踪其动态变化，并进行高通量的活细胞快速分析和分选，实现了蛋白质在细胞生命活动中的动态性及多样性研究，从而阐明蛋白质在活细胞中结构与功能的效应关系。

上海设施的复合激光显微镜系统包含转盘式激光共聚焦显微镜、超高分辨率显微镜、双光子显微成像和高通量细胞分析四个功能模块，转盘式激光共聚焦显微镜、随机光学重建超高分辨率显微镜、结构照明超高分辨率显微镜、双光子显微镜、单光子激光共聚焦显微镜、高通量细胞分析系统、荧光激发细胞分选仪、流式细胞仪等11台大型仪器及对应小型辅助设备设施，以满足不同实验样品、分辨率水平、扫描深度、分析速度的需求。另外还配置了IPP、Imaris和AutoQuant三大高效通用图像分析软件，可根据实验需求对所取得的数据进行荧光定量分析、三维图像处理、反卷积等运算。各模块间既是相对独立的，又可以结合不同的实验手段对蛋白质的时空定位、相互作用、统计分析结果等进行相互印证，以综合研究蛋白质在生命活动中的功能。

上海设施的复合激光显微镜系统于设备完成安装调试后的试运行期间即开始接收用户实验，2015年7月28日通过国家验收，正式对外开放运行。目前系统运行稳定，成果不断。据不完全统计，系统年支撑课题组近60个，年服务有效机时达到近10000小时，系统用户在《自然》《细胞》等知名期刊上均有成果发表，2015年用户成果7篇，2016年10篇，2017年15篇，呈逐年上升趋势，且用户成果有重要影响力。如2016年3月，《自然》在线发表了中国科学院上海生命科学研究院生物化学与细胞生物学研究所分子生物学国家重点实验室/国家蛋白质科学中心（上海）许琛琦研究组和分子生物学国家重点实验室李伯良研究组的合作研究成果：《通过调节胆固醇代谢增强CD8^{+}T细胞的抗肿瘤反应》（*Potentiating the antitumour response of CD8^{+}T cells by modulating cholesterol metabolis*）。该研究发现"代谢检查点"可以调控T细胞的抗肿瘤活性，鉴定了肿瘤免疫治疗的新靶点——胆固醇酯化酶ACAT1以及相应的小分子药物前体，为开发新的肿瘤免疫治疗方法奠定了基础。此研究入选了“2016年度中国科学十大进展”。

光学显微镜的发展是物理科学、工程技术以及生物化学等多学科交叉融合的产物，它将生物学研究带入纳米时代，开创了纳米生物学研究的新领域。我们有理由相信，将有更多的技术和发明创造会被用来改进、完善和充实光学显微成像技术，更好地为科学研究服务。

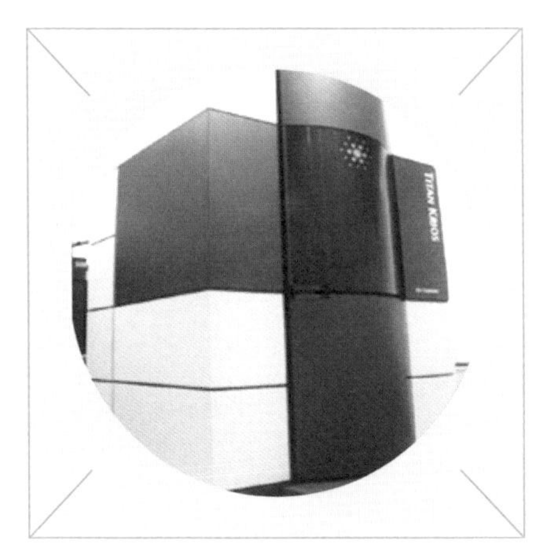

电子显微镜是在人们探索微观世界的过程中发明的。随着科学技术的不断发展和各学科研究需求的多元化，电子显微镜的种类不断增多，性能也得到了迅速提升。尤其是近年来冷冻电子显微镜技术取得了令人难以置信的飞速发展，让科学家们能高效率地以原子级分辨率获得生物分子的三维结构。本章让电子显微镜带领大家遨游奇妙的微观世界，去感受其中的神奇。

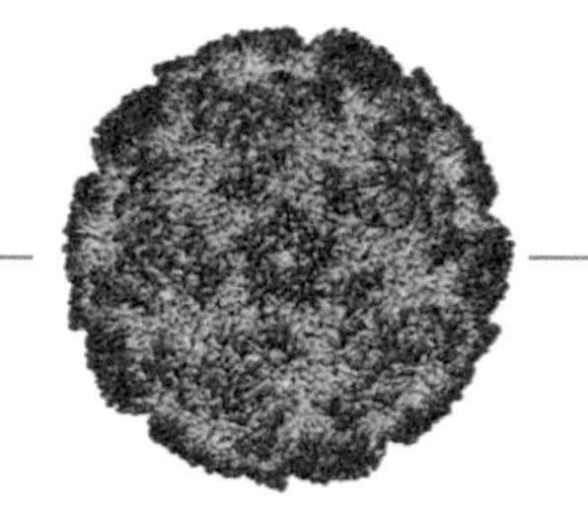

利用冷冻透射电子显微镜Titan Krios和单颗粒技术重构的一种肠道病毒的三维结构图。此病毒常引起儿童手足口病、病毒性咽峡炎。病毒的高分辨率结构的揭示，有助于研发对抗此病毒的特效药物。

电子显微镜（简称“电镜”）和光学显微镜（简称“光镜”）的不同之处在于，电镜是用电子束代替了可见光，用电磁透镜代替了光学透镜，并使用荧光屏将肉眼不可见的电子束成像，使物质的内部或表面的细微结构在非常高的放大倍数下成像的仪器。通过电镜能看到的最小的物体直径可以小到几个埃（1埃=0.1纳米），同样是显微镜，为什么电镜比光镜能看到的物体可以小那么多呢？其实这与电镜的“光源”——电子束的波长较短密不可分。为了看到物体，物体的尺寸必须大于“光源”的波长，否则光就会“绕”过去，所以波长越短的“光源”，显微镜能看到的物体可以越小。要想看到组成物质的最小单位——原子，光镜的分辨本领就差了太多。为了从更微观的层次上研究物体的结构，必须创造出功能更强的显微镜。电镜是人们不断探索未知微观世界的产物。也正是由于电镜的出现，一些科学研究领域得到了长足的发展。1974年诺贝尔生理学或医学奖得主乔治·埃米尔·帕拉德（George Emil Palade）正是利用电镜观察细胞分化而开创了现代生物学研究领域。下面我们一起来回顾一下电镜的诞生及发展史。

1 电子显微镜的诞生

1924年，路易·维克多·德布罗意（Louis Victor de Broglie）提出了著名的假设：电子等实物粒子具有波动性。不久，克林顿·约瑟夫·戴维森（Clinton Josepl Davisson）和莱斯特·哈尔伯特·杰默（Laster Halbert Germer）以及汤普森·里德（Thompson Reid）就用电子衍射现象验证了电子的波动性，发现电子波长比X

射线还短。德布罗意的假设让人联想到可以用电子射线代替可见光照明来制作电子显微镜，以克服光波长在分辨率上的局限性。理论上有了前进的方向，剩下的便是技术问题，关键在于能不能研制出能使电子波聚焦成像的透镜。

1926年，德国物理学家汉斯·布施（Hans Busch）发现，一个旋转对称、不均匀的电场或磁场可以作为一个“透镜”，将高速运行的电子射线聚集起来。这种透镜叫作电磁透镜，类似于可以使光束聚焦的玻璃透镜。这个发现为电子显微镜的问世奠定了理论基础，许多学者马不停蹄地开始了试验。

1933年底至1934年初，德国物理学家厄恩斯特·鲁斯卡（Ernst Ruska）等人制作出了世界上第一台透射电子显微镜，并用它获得了放大12200倍的铝箔与纤维的像。这台显微镜的分辨率达500埃，与当时最强的光学显微镜相比提高了4倍。1939年，鲁斯卡等在德国西门子公司研制并生产出了第一批商品电子显微镜，其分辨率为100埃，共生产了40台。

图5-1 厄恩斯特·鲁斯卡及其制作的透射电子显微镜

自第一台商品电镜问世以来，人们对透射电镜的努力主要集中在改善仪器结构、性能和寻求最简单的样品制备技术上。之后，随着科学技术的发展，电镜的分辨率和放大倍率也不断提高。人们又研究制造了短焦距的磁场透镜，它除了会聚透镜外，还能利用两个透镜做两次连续的成像，这种显微镜能在光学显微镜的基础上再放大100倍。特别是进入20世纪70年代以来，电镜设计与制样技术又有了突飞猛进的发展，一些国家已经能生产点分辨率优于3埃、晶格分辨率达到1—2埃的高分辨率透射电镜。原先视野中模模糊糊的东西在人类眼中变得清晰起来，实现了人们直接观察生物大分子结构和重金属原子图像的愿望。厄恩斯特·鲁斯卡因为发明透射电子显微镜而获得了1986年的诺贝尔物理学奖。

时至今日，透射电镜已由双透镜、三透镜、四透镜发展到了五透镜系统。透射电镜已经被广泛应用到许多学科中，并且极大地推动了这些学科的发展。20世纪90年代，由于纳米科技的飞速发展，对电子显微分析技术的要求越来越高，进一步推动了电子显微学的发展。目前，透射电镜已发展到了球差校正透射电镜的阶段。

21世纪，生命科学领域在飞速发展，人类基因组计划的成功让我们看到破解人类健康奥秘的希望。蛋白质承载生命，后基因组时代我们迫切需要知道蛋白质所承担的功能。而结构决定功能，所以解析大分子蛋白质结构是生命科学领域的重点突破方向。在当今结构生物学研究中，普遍使用的冷冻电镜技术，于蛋白质X射线晶体学诞生10多年以后，也就是20世纪70年代，在剑桥MRC分子生物学实验室诞生，艾伦·克鲁格（Aron Klug）因此获得了1982年的诺贝尔化学奖。科学家们在此基础上不断努力，理查德·亨德森（Richard Henderson）在20世纪90年代改进了传统电子显微镜，取得了原子级分辨率的图像；约阿希姆·弗兰克

(Joachim Frank) 在20世纪七八十年代开发了一种图像合成算法，能将电子显微镜模糊的二维图像合成清晰的三维图像；雅克·杜博歇（Jacques Dubochet）发明了迅速将液态水冷冻成玻璃态以使生物分子保持自然形态的技术。这些发明使冷冻电子显微镜实验的各个环节得到优化。2013年以来，冷冻电子显微镜日渐成熟并获得广泛应用。如今研究者可以在生物大分子的生命周期内对其进行冷冻和成像，将以往不为人知的生物大分子的生命状态呈现出来，所带来的新发现对于人类理解生命机理和开发新药物具有重大意义。2017年，诺贝尔化学奖评选委员会指出："科学发现往往建立在对肉眼看不见的微观世界进行成功显像的基础之上，但是在很长时间里，已有的显微技术无法充分展示分子生命周期的全过程，在生物化学图谱上留下很多空白，而冷冻电子显微镜将生物化学带入了一个新时代。"雅克·杜博歇、理查德·亨德森和约阿希姆·弗兰克毫无争议地成为2017年诺贝尔化学奖得主。

雅克·杜博歇

理查德·亨德森

约阿希姆·弗兰克

图5-2 2017年诺贝尔化学奖得主

显然，透射电子显微镜的原理和光学显微镜几乎一样，电子透射穿过样品，便会呈现出不同深浅、明暗的图像。透射电子显微镜看到的是一个"透视"的画面，它会将三维的结构压缩成二维的黑白图像。电子显微镜下的所有图像都是黑白的，因为它们都是电子信息经过电脑处理之后得到的画面，并非真实的可见光照片。

透射电子显微镜最大的问题是它不能直接获取样品的立体信息，而且样品的厚度必须能让电子穿透过去，对太厚的样品无能为力。对此，有什么解决办法吗？其实，早在1935年，就有人提出了另一种电子显微镜的模式：用电子束击打样品，然后收集反射回来的电子信号，就可以得到样品表面的信息。1938年，德国物理学家梵亚丁（Van Ardenne）在透射电子显微镜的基础上加了一个扫描用的线圈，制作出了世界上第一台扫描电子显微镜。它能够直接观察厚的样品，但由于图像分析的难度加大，所以扫描电子显微镜的发展并没有透射电子显微镜那么迅速。直到1955年，扫描电子显微镜的研究才取得较为显著的突破，成像质量得到了明显提高。又过了十年，剑桥科技器械公司才制造出了第一台商业化的扫描电子显微镜。

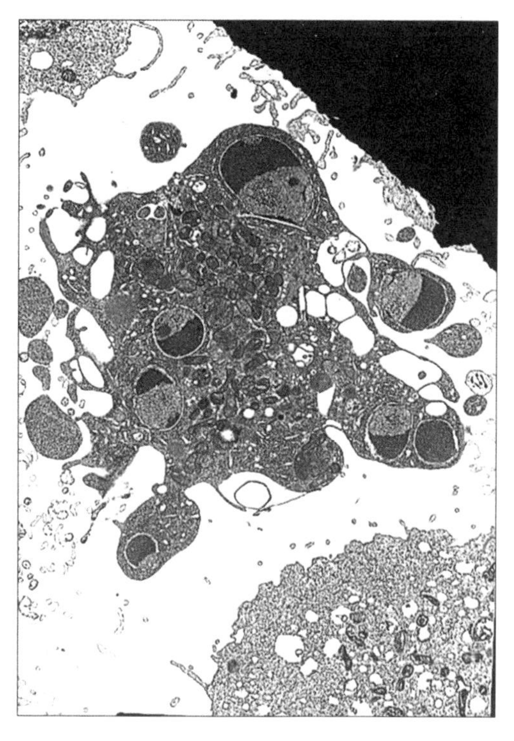

图5-3 JEM－1220型透射电子显微镜拍摄的凋亡细胞

费了那么大力气研究出来的扫描电子显微镜有什么用处呢？首先，它的景深大，图像极富立体感；其次，它的样品制备过程非常简单，不像透射电子显微镜那样需要进行超薄切片（切片如果不够薄，电子穿透不过去，透射电子显微镜就没有用武之地了），有时候甚至不需要任何处理就可以直接观察；再次，样品可以在样品室里不断移动、旋转，因此可以从多角度对样品进行分

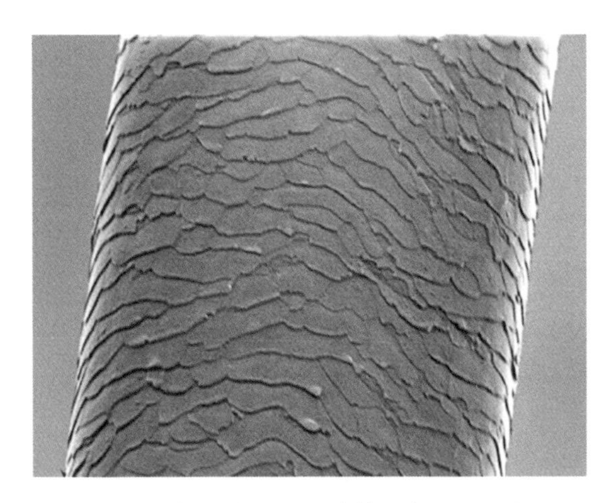

图5-4 利用扫描电子显微镜观察到的头发的毛鳞片

析，甚至可以一边观察一边做显微解剖。但扫描电子显微镜也存在弱点——它的图像同样也是黑白的，并且分辨率还远远达不到透射电子显微镜的水平。

如果说光学显微镜使人类对微观世界的认识有了第一次飞跃，那么可以说，电子显微镜让人类对微观世界的认识有了第二次飞跃。的确，光学显微镜使人类看到了肉眼看不到的细菌和细胞，揭开了许多生物界的“谜”，但是因为光学显微镜的分辨率受光波波长的限制，而电子显微镜是以电子束作为光源的，电子束的波长比可见光的波长短得多，使得电子显微镜的分辨率大幅度提高。人类用电子显微镜揭开了细菌、噬菌体、类病毒、细胞器、DNA和蛋白质大分子等的真面目，甚至获得了原子核和电子云的原子像。

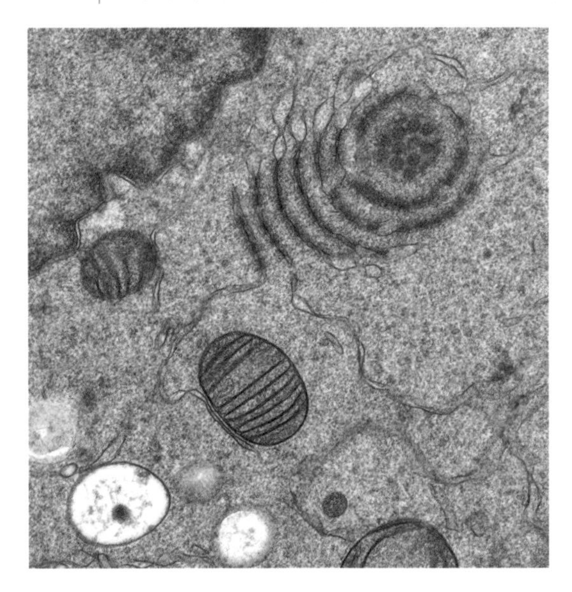

图5-5 国家蛋白质科学研究（上海）设施的Tecnai G2 Spirit冷冻透射电子显微镜拍摄到的人肾上皮细胞中的细胞器

2 电子显微镜的家族成员及其应用领域

电子显微镜的诞生和应用改变了20世纪的进程。在多种学科中，电子显微镜都给科学工作者提供了强有力的研究手段，得到了广泛的应用。微观世界里的奥秘一个一个地被揭示，有力地推动着科学技术和生产的迅速发展。物理、化学、生物、医药、冶金、纺织、工程材料等领域的研究都离不开显微镜。为适应科学技术日益发展的需要，显微镜技术及其功能被不断完善和提高。1939年，西门子公司生产的世界上第一台商品型双透镜电子显微镜投放市场，此后，世界各国广泛地开展了对电子显微镜的研制。目前，电子显微镜可大致分为以下几大类：

扫码看视频

（1）透射电子显微镜

透射电子显微镜（transmission electron microscope，简称TEM）占电镜总量的80%—90%，它的主要特点是可以观察到样品内部的结构像。透射电镜有着广泛的应用，其在材料科学、生命科学、医学诊断等新兴学科以及临床诊断方面发挥了巨大的作用。随着科学技术的发展，透射电镜样品制备技术也日趋完善。在透射电镜超薄切片技术的基础上，又相继出现了负染技术、电镜放射自显影技术、细胞化学和免疫电镜技术等。尤其是20世纪70年代提出的冷冻电子显微镜技术，在20世纪80年代趋于成熟。它的研究对象非常广泛，扩大了电镜的生物样品观察范围，不仅包括病毒、膜蛋白、肌丝、蛋白质核苷酸复合体、亚细胞器等非晶体，也包括具有二维晶体结构的样品，而且对样品的相对分子质量没有限制，大大突破了X射线晶体学只能研究三维晶体样品和核磁共振只能研究相对分子质量较小（小于10万道尔顿）样品的限制。生物样品是通过快速冷冻的方法进行固定的，能避免化学固定、染色、金属镀膜等过程对样品构象的影响，更加接近样品的生活状态。现在，冷冻电子显微镜都具有自动图像采集系统，大大减轻了之前的人工收集数据的工作量，而且随着直接电子探测器相机的诞生，其分辨率已超过照相胶片。相机所记录的是生物样品空间结构的二维投影，利用各种计算机软件程序，可以根据电镜的二维图像重构样品的三维结构，即三维重构。现已开发出许多软件程序可供使用，大大方便了生物样品的结构重构。

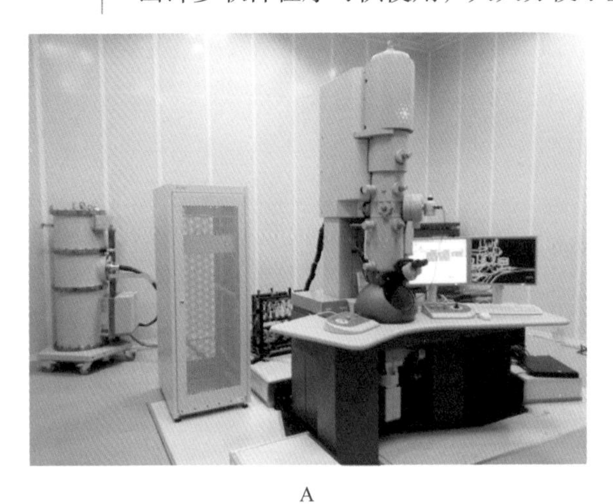

A

B

图5-6 国家蛋白质科学研究（上海）设施的Tecnai G2 F20冷冻透射电镜（A）和Titan Krios 冷冻透射电镜（B）

21世纪初，在冷冻电镜设备领域发生的最重要的革命性事件就是引入了直接检测设备（direct detector device，简称DDD）照相机和改进了高分辨率图像处理算法。DDD能够直接在传感器上记录图像，不仅在图像质量上有了质的飞跃，记录图像的速度也大大提高了。现在电镜上的相机就好像是一台摄像机，可以拍摄一段录影，记录整个过程，得到高质量的图像，而不再像以前的电荷耦合装置（charge-coupled device，简称CCD）探测器或者胶片，只能够拍摄一张张固定的图像。有了高质量的图像，又有了可以对因为电子束的轰击而移位的粒子进行校正的软件程序，我们就可以获得大量高质量的冷冻电镜图片。尽管如此，电镜图像的后续处理一直是一项极具挑战性的任务，主要的问题是冷冻电镜图像中包含了很多不是我们想要观测的样品结构的信息，因此科学家需要从中提取近原子分辨率的结构信息，这就像在一个机器轰鸣的工厂里监测一只蚊子振翅飞行的声音。科学家经过不懈努力，完成了这项艰巨的任务。在冷冻电镜的这场技术革命中，华人科学家取得了重大成果，做出了重要贡献。例如，加州大学旧金山分校的程亦凡教授2013年底在《自然》期刊上发表了3.3埃近原子分辨率的膜蛋白瞬时感受器电位通道（transient receptor potential V1，简称TRPV1）三维结构，这是国际上首次利用冷冻电镜技术解析的近原子分辨率膜蛋白结构。

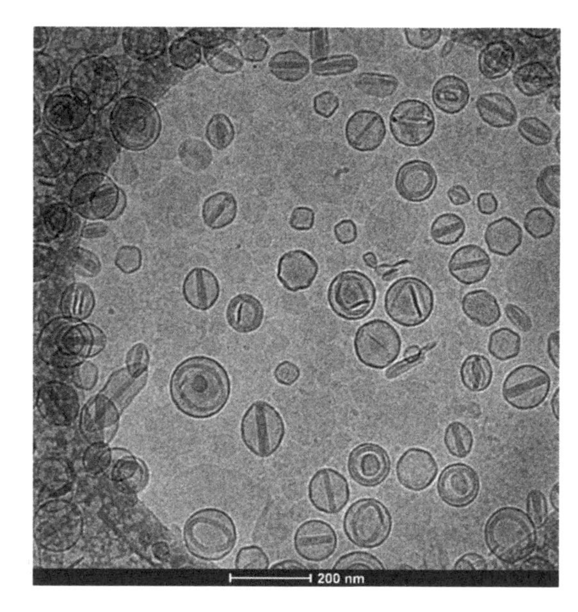

图5-7 包裹着碳棒的脂质体的冷冻电镜图片（用上海设施的Tecnai G2 F20冷冻透射电镜拍摄）

冷冻电镜技术目前仍然处于快速发展中，得到高分辨率的三维结构的时间也将大幅缩短，这场技术革命在不远的将来甚至会对人们日常看病就医带来影响。例如，从病人体内抽取血液后，利用这一技术，在几小时甚至几分钟内就能非常清晰地知道病人血液中与疾病相关的一些蛋白质或者小分子结构的变化，从而准确地诊断疾病并给出精准的治疗方案。

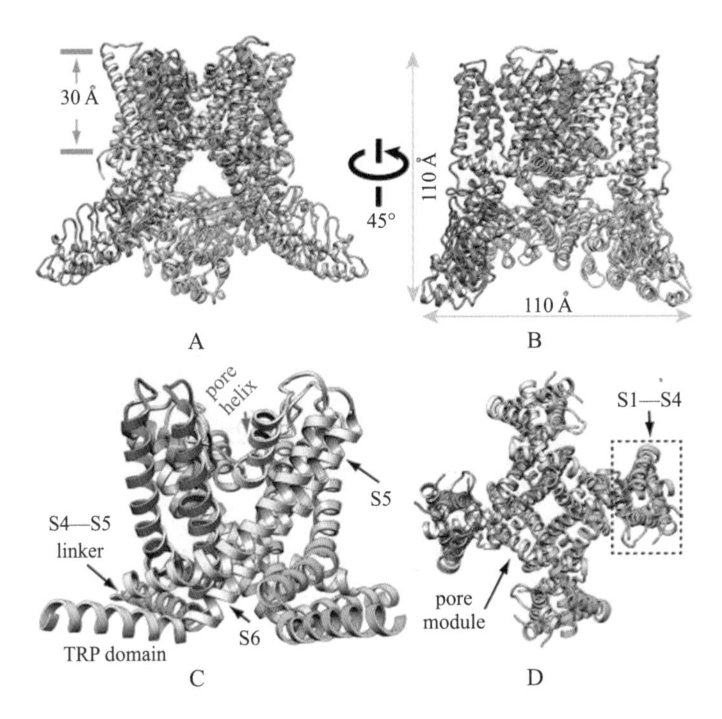

图5-8 用冷冻透射电镜单颗粒的实验方法确定的TRPV1的三维立体结构

(2) 扫描电子显微镜

扫描电子显微镜（scanning electron microscope，简称SEM）之所以得名，主要是因为一束细细的电子束，一次只能扫描样品的一小块表面，为了得到整个样品的图像，作为照明源的电子束就需要不停地移动，一次只看清一小块，最后形成整体的图像，这种成像方式叫作“扫描电子”。这就类似于我们日常使用的扫描仪，只不过扫描电镜可以观察表面凹凸不平的立体样品，而扫描仪扫描的是平面的图像。扫描电镜利用样品表面散射回来的二次电子进行成像，其最大的优点是立体感强，应用扫描电镜可以观察样品的表面形态，进而获得样品的三维空间图像，在材料科学领域、生命科学领域等有着广泛的应用。

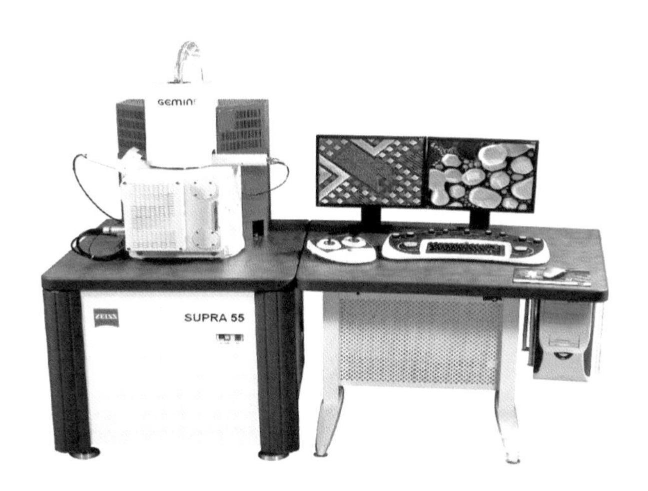

图5-9 扫描电子显微镜

图5-10 蚂蚁头部的扫描电子显微镜图像

(3) 分析电子显微镜

分析电子显微镜（AEM）可以对被检测样品做出化学成分组成的定性或定量分析，目前主要是在电镜上配置能谱仪（EDS）或波谱仪（WDS）。这类电镜在化学定量分析科学实验中有很大的应用价值。

(4) 扫描透射电子显微镜

扫描透射电子显微镜（STEM）是配有扫描附件的透射电镜，既可以观察透射电子像，又可以观察扫描像。它综合了透射电镜和扫描电镜的原理。扫描透射电镜像扫描电镜一样，用电子束在样品的表面扫描，又像透射电镜，通过电子穿透样品成像。扫描透射电镜能够获得透射电镜所不能获得的一些关于样品的特殊信息。扫描透射电镜技术要求较高，需要非常高的真空度，并且其电子学系统比透射电镜和扫描电镜都要复杂。

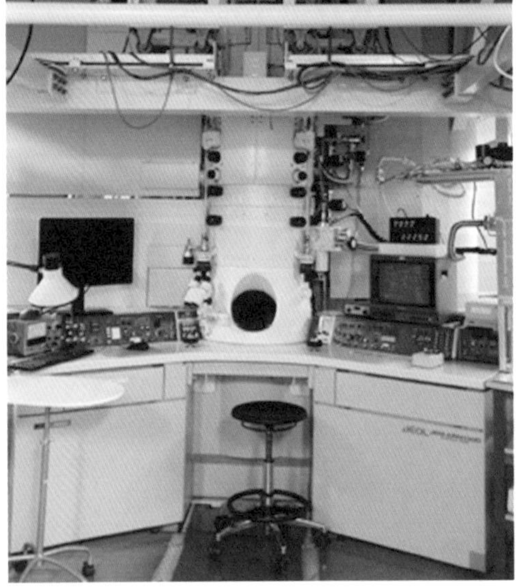

图5-11 JEOL JEM-ARM1300超高压电子显微镜

(5) 超高压电子显微镜

加速电压在1000—5000千伏的电镜，我们一般称之为超高压电子显微镜（HVEM）。提高加速电压，可使电子束的能量加大，穿透样品的能力增强。这类电镜与普通电镜相比，更便于我们对厚样品和粗大析出物进行研究。其标本厚度可达数微米，可大大降低制样难度。超高压电镜可对样品的微观组织、结构、缺陷等进行定性或定量分析，也可以对样品在加热、拉伸、电子辐照等条件下组织的变化过程进行动态观测，还可以拍摄一般透射电镜所不能获得的立体图象，而且超高压电镜能进一步提高分辨率并减少对标本的辐射损伤。但是，由于该电镜结构复杂，体积极为庞大，价格昂贵，目前还无法普及。

（6）电视电镜

这是结合了电镜和电视的功能而形成的电镜，其特点是通过电视荧光屏可直接观察图像。电视电镜由镜体、电子轰击电靶、低速电子扫描管及电视机组成，可以很方便地聚焦和高速摄影。这类电镜在教学和科研中有着广泛的应用。

总之，不同种类的电镜满足不同科学研究的需求，电镜的种类和电镜技术也随着科技的发展而不断增多。电镜领域的技术革新给材料科学、生命科学、医药、化工等领域带来了深刻的变化，极大地推动了这些学科的发展。

3 光电联合显微技术

光学显微镜和电子显微镜都是研究生命科学的重要工具，两者相辅相成。光镜尽管无法获得与电镜相当的分辨率，但它能追踪细胞内事件，并通过特异标记区分相似的结构；电镜虽然有纳米甚至埃级别的分辨率，但是电镜下的世界全是黑白的，想要锁定正确的目标分子非常不容易。于是，一个新的技术——光电联合显微技术应运而生。

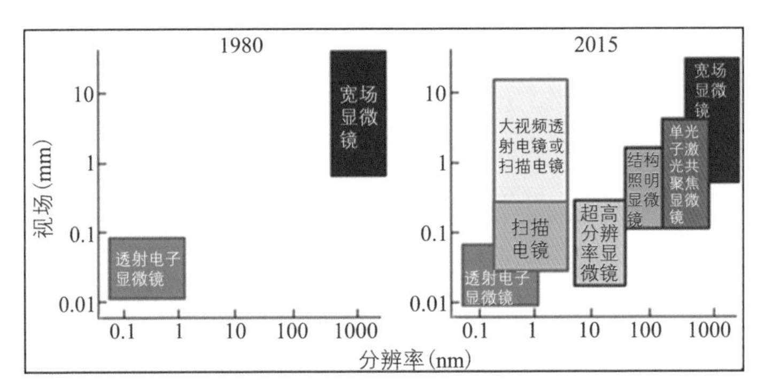

图5-12 电镜和光镜技术的发展及分辨率范围

光电联合显微技术（correlative light and electron microscopy，简称CLEM）是一种结合光学显微镜与电子显微镜两种成像技术，针对样品同一位置，集荧光显微镜的分子标记功能与高分辨率电镜图像于一体，获取比单独使用其中一种技术更多信息的新方法。荧光显微镜能帮助研究人员缩小电镜观察的范围，在细胞结构与功能研究之间搭建一座桥梁，让细胞生物学家能够观察生物大分子在活细胞中的动态，进而确定亚细胞水平的超微定位。光电联合不仅是一种组合的方法，而且是一整套技术，可以根据不同的研究问题来选用不同的设备组合。常见的光学显微镜如宽场显微镜、荧光显微镜、激光共聚焦显微镜、超高分辨率显微镜、低温冷冻光镜等都可以和电子显微镜如扫描电镜、透射电镜、聚焦离子束/扫描电镜双系统、冷冻透射/扫描电镜等配合使用。

图5-13 豆科植物根部的光电联合成像效果图

近十年来，超高分辨率荧光显微镜可以说是生物物理领域最热门的研究方向之一，尤其是基于单分子定位的超分辨荧光成像技术，它为细胞生物学的研究提供了新的技术手段，高精度的单分子定位图像能帮助研究者观察到许多以前看不到的精细结构。冷冻电镜技术近年来的发展也是如火如荼，为细胞生物学和结构生物学注入了新的活力。单分子定位荧光成像技术与冷冻电镜技术的结合可谓强强联合，衍生出来的超分辨光电联合成像技术给生物成像技术带来了新的发展契机。该技术通过把定位位置信息和结构信息进行整合、处理，可以表征出目标分子机器在细胞原位的分布和结构。相比常温样品的光电联合成像，冷冻样品的光电联合成像具有以下两大优势：低温下荧光分子的发光性能提高了，成像定位精度也大幅度提高；冷冻样品制备方法能保持样品的近天然状态。

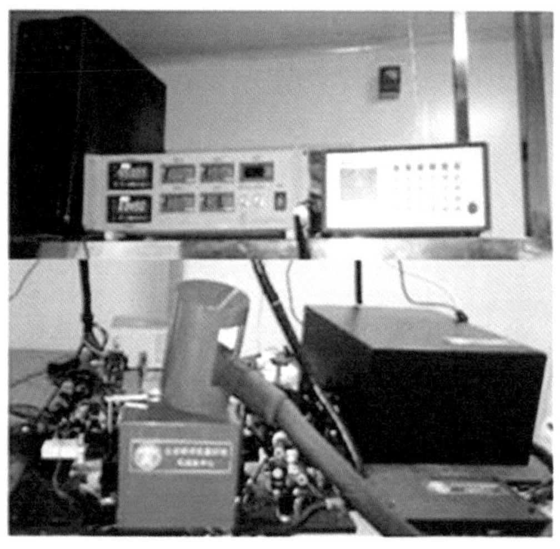

图5-14 我国科学家研发的光电联合设备（左为超分辨光学与扫描电镜联合成像系统，右为超分辨光学与透射电镜联合成像系统）

中国科学院生物物理研究所的科研人员在光电联合超分辨生物显微成像系统的支持下，从2011年开始展开光电联合显微技术的研发，研制出了可实现三维冷冻单分子定位超分辨成像与低温透射电镜联合成像、片层光超分辨成像与扫描电镜联合成像设备及系统，处于国际领先水平。

光电联合技术目前主要应用于生命科学和医药学及其分支领域，如神经生物学、生物医药研究、细胞生物学、发育生物学、血液学、微生物学、心脏病学、肿瘤学、药理学、食品科学领域等。

4 集成化电镜分析系统

国家蛋白质科学研究（上海）设施的集成化电镜分析系统为国家级科研服务系统，主要包括三大模块：电镜样品制备模块、电镜数据收集模块和电镜数据处理模块。其中电镜样品制备模块包括快速冷冻制样、负染样品制备、高压冷冻、超薄切片、免疫和组织细胞切片分析。集成化电镜分析系统主要致力于发展低温冷冻电镜单颗粒三维重构技术、电子断层成像等最新显微学手段，为从多尺度、多水平破解超大分子复合体的高分辨率、动态及原位结构信息提供技术支撑和设备保障，以解决生命科学研究中的重大科学问题。

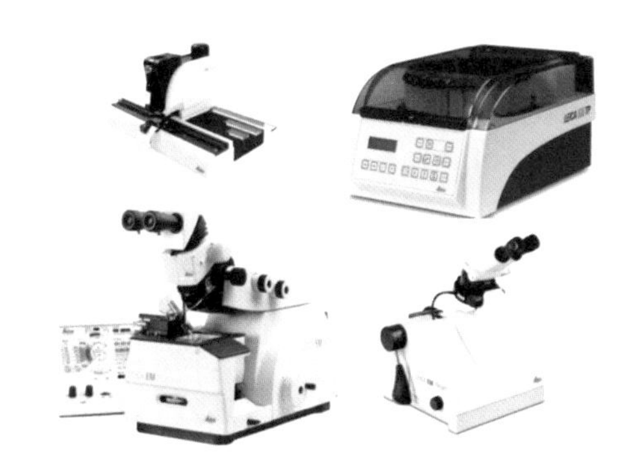
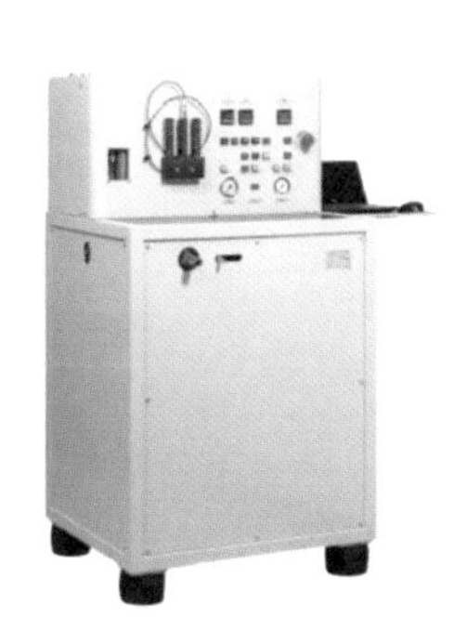

快速冷冻仪　LEICA 制刀机、组织处理仪、冷冻超薄切片及修样　高压冷冻机

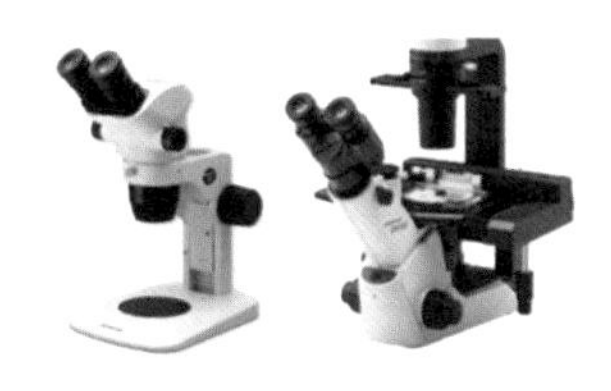

等离子清洗仪　Olympus 光学显微镜

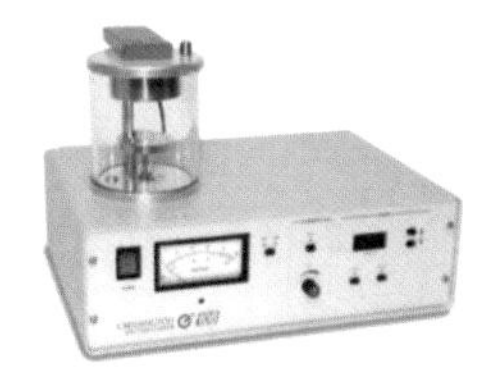

辉光放电仪　真空镀膜仪

图5-15 国家蛋白质科学研究（上海）设施集成化电镜分析系统的制样设备

国家蛋白质科学研究（上海）设施集成化电镜分析系统目前主要配备了Titan Krios、Tecnai G2 F20、Tecnai G2 Spirit三台冷冻透射电镜。Titan Krios主要应用于单颗粒和双轴断层三维重构的高通量数据自动收集。该电镜全年无休，每天24小时昼夜连续高负荷运行。Tecnai G2 F20主要应用于冷冻样品的单颗粒重构、电子晶体学和电子断层重构等。Tecnai G2 Spirit适用于细胞组织切片观察、负染样品观察和冷冻样品的初步检测。Tecnai G2 F20和

Tecnai G2 Spirit虽然没有配备冷冻-自动上样系统，无法达到Titan Krios那样24小时运行，但仍然坚持每天运行12小时以上。

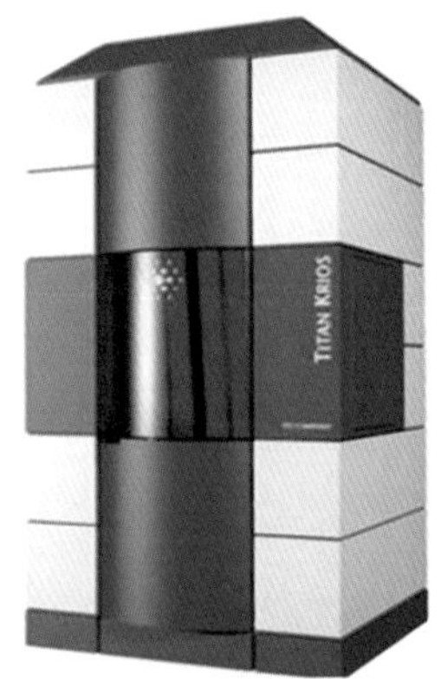

Titan Krios

Tecnai G2 F20

Tecnai G2 Spirit

图5-16 国家蛋白质科学研究（上海）设施集成化电镜分析系统的冷冻透射电镜

Titan Krios配有球差矫正器、能量过滤器、直接电子探测相机，信息分辨率为0.14纳米；Tecnai G2 F20配备有直接电子探测相机，信息分辨率为0.2纳米；Tecnai G2 Spirit以六硼化镧为电子源，信息分辨率为0.34纳米。

仅2017年，电镜分析系统就为174家单位提供了服务，服务课题达364个，服务机时共16144.5小时。自2014年开放试运行至今，系统成绩斐然，已经有一大批相关成果发表，其中多篇论文发表在《自然》《细胞》等知名期刊上，在国内外引起了巨大的反响。

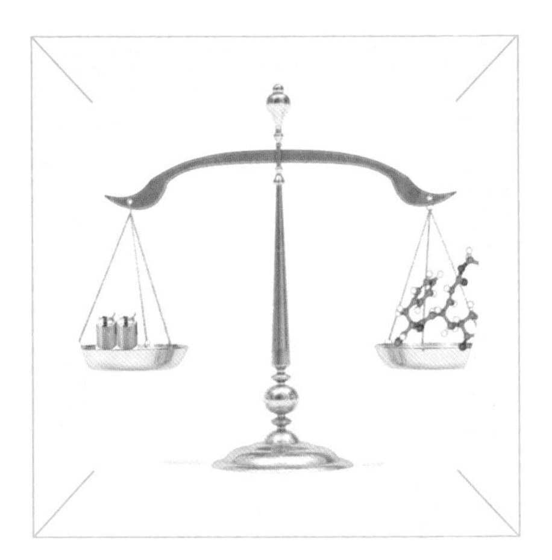

经过100多年的发展变革，质谱技术慢慢地走进了科学研究的各个领域，也为人们的生活安全增添了诸多科技保障。质谱技术多样化的方法手段可以为大家展示隐藏在宏观物质表面下魅力无穷的微观世界。

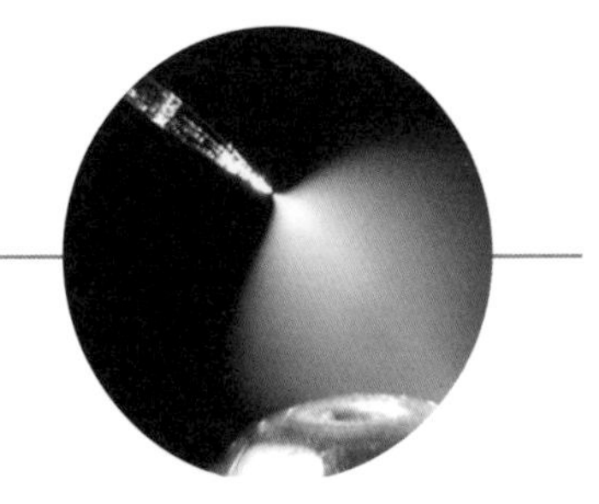

质谱是测量微观物质质荷比的精密天平。

1 微观世界的天平演变

（1）微观世界与宏观世界

通常人们将感官所不能直接感觉到的微小物体和现象分别叫作“微观物体”和“微观现象”，这些物体和现象的总体被称为微观世界。在自然科学中，微观世界通常是指分子、原子等层面的物质世界，而除了微观世界以外的物质世界均称为宏观世界。宏观世界五彩缤纷，微观世界则充满神秘色彩。一方面，相对于宏观物质来说，微观物质一般是肉眼不能直接看到的；另一方面，宏观物质又是由微观物质——分子、原子、离子等构成的。原子核和电子构成了原子，众多的原子组成了分子，无数的分子搭建起了整个宏观世界，任何宏观现象实际上都是微观现象的体现和表征。

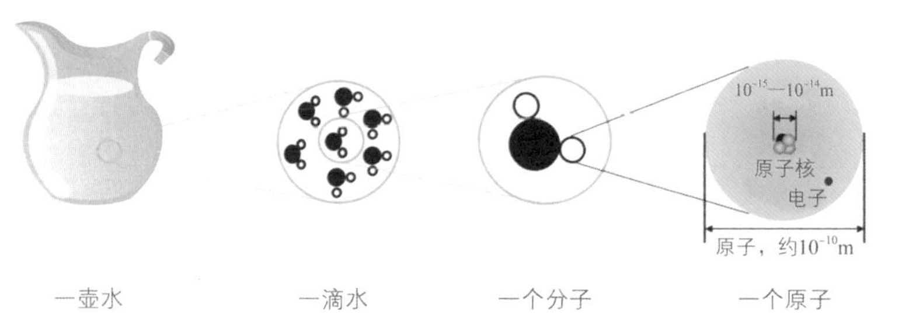

一壶水由一滴滴水组成，一滴水由一个个分子组成，分子由原子组成，原子又由原子核与电子组成。

图6-1　宏观世界与微观世界

微观世界的分子和原子究竟有多小，举两个简单的例子，大家就可以大致知道了：100万个原子排成一条线的长度才一根头发丝那么细，一滴水就含有10^{21}个水分子，其大小可想而知。对于宏

图6-2 水与水分子

观世界的物质，我们有很多方法对其进行测量和表征，如可以用尺子测量头发的长度、用卡尺测量绳子的粗细、用天平测定鸡蛋的质量等。那么，对于看不见、摸不着的微观物质，我们又要怎么对它进行测量呢？科学家经过不懈的努力，发现了很多好的方法，并以此为基础发明了更为精密的测量仪器——质谱仪（mass spectrometer，简称MS）。

（2）什么是质谱

质谱（又称质谱法）是一种与光谱并列的谱学方法，它是利用微观物质在质量上的差别带来的物理性质或现象的不同来对微观物质进行区别的一种方法，简单来说，就是通过测量离子的质荷比（质量/电荷的比值）来鉴定化合物的一种专门技术，它被广泛应用于各个学科领域中。其基本原理是使检测对象中各组成分子在一个特定的装置中发生电离（即使分子带上电荷），生成带电的物质（离子），经加速电场作用形成离子束，进入质量分析器对其质荷比进行测定。就好比同样马力的汽车，装载的东西多就跑得慢，到达终点所花的时间就长，通过测定其路上花费的时间，我们就可以了解汽车载重的情况。质谱也是利用这个原理，通过测定分子的物理化学方面的参数，如运动的轨迹、时间等来测算其相应的质量。而不同的质量分析器，或利用电场或利用磁场或两者结合，使有着不同质荷比的离子依次进行聚焦分离，最终由检测器检测而得到质谱图，从而确定其质量，产生信号的强度则代表了相应离子的多少。质谱法在一次分析中可提供丰富的定性或定量信息，将分离技术与质谱分析相结合能大大拓展质谱法所可以分析的物质的复杂度，是谱学中的一项突破性进展。质谱法因其高特异性、高灵敏度以及高通量的优势，在自然科学研究领域得到了广泛的应用。

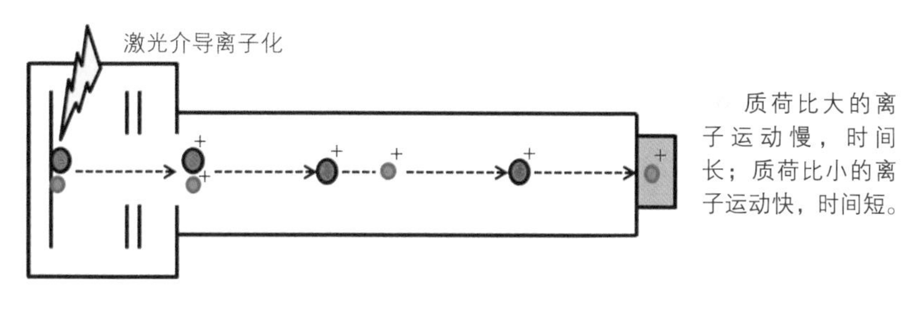

图6-3 质谱原理简图

(3) 第一台质谱仪的诞生

19世纪末期，化学界和物理学界刚经历了科学史上的辉煌时期，牛顿力学、道尔顿物质原子理论、热力学、电磁学等都取得了非常大的进展。在这样一个物理大发现的背景下，德国物理学家欧根·戈尔德施泰因（Eugen Goldstein）于1876年提出，存在于低压气体放电管玻璃壁上的辉光是由阴极产生的某种射线所引起的，他把这种射线命名为“阴极射线”。随后，他在低压放电实验中又观察到，在低压气体放电管里有些射线沿与阴极射线方向相反的通道从阴极小孔背后快速穿出，他将其命名为“极隧射线”，即阳极射线。这些发现使人类对微观世界的认识又有了重大进展。

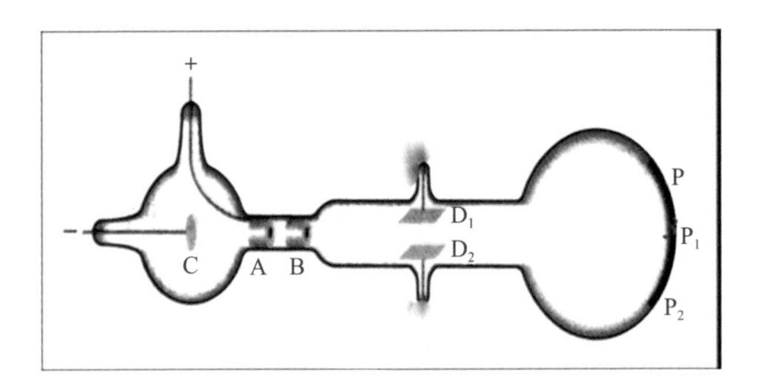

图6-4 用于研究阴极射线和阳极射线的气体发电管示意图

1898年，德国物理学家威廉·维恩（Wilhelm Wien）在对阳极射线进行进一步研究后指出，它们的带正电量与阴极射线的带负电量相等，根据它们在磁场和电场影响下的偏移，得出阳极射线由带正电的粒子组成。他又在用电场和磁场使正离子束发生偏转时发现，电荷相同时，质量小的离子偏转得多，质量大的离子偏转得少。正电荷粒子束在磁场中发生偏转现象的发现，为质谱的诞生奠定了基本的理论基础。

图6-5 威廉·维恩

基于这些物理学上的重大发现，从阴极射线中发现电子的英国著名物理学家约瑟夫·约翰·汤姆逊（Joseph John Thomson）和他的助手弗朗西斯·威廉·阿斯顿（Francis William Aston）利用维恩的方法，通过磁场使阳极射线的粒子发生偏转，并利用电场使具有不同电荷和质量的离子分隔开。首个扇形磁场质谱仪模型就此诞生。

图6-6　约瑟夫·约翰·汤姆逊

图6-7　弗朗西斯·威廉·阿斯顿

利用质谱仪的实验室模型，他们通过实验首次证明了氖的两种同位素（Ne-20与Ne-22）的存在。

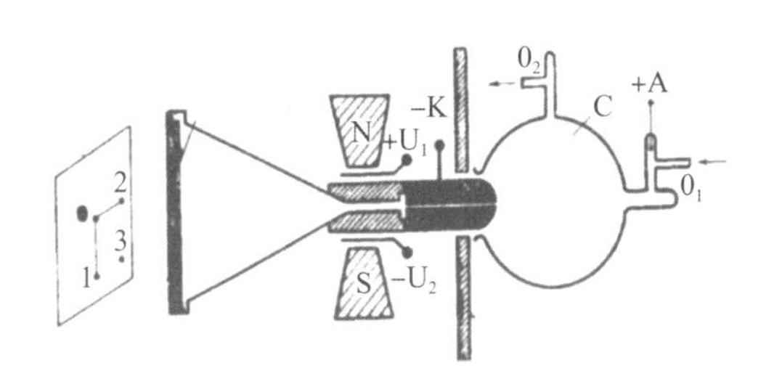

图6-8　汤姆逊和阿斯顿研制的质谱仪模型示意图

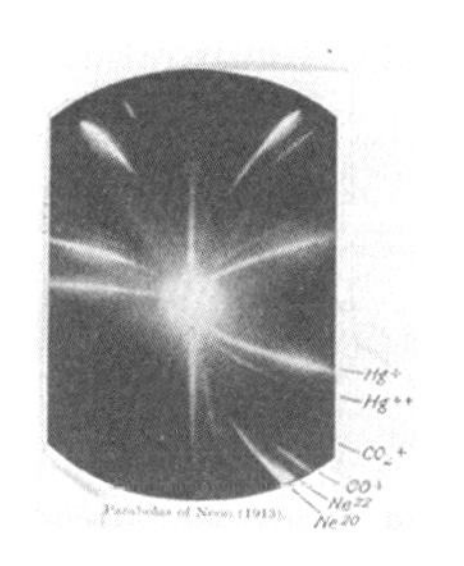

图6-9　汤姆逊和阿斯顿研究氖同位素的结果

1919年，阿斯顿研制出了第一台真正意义上的质谱仪，并相继制造出性能更高的第二代、第三代质谱仪。借助这些具备电磁聚焦性能的质谱仪，阿斯顿发现了多种元素同位素，研究了53个非放射性元素，发现了天然存在的287种核素中的至少212种，第一次证明原子质量亏损。1922年，他获得了诺贝尔化学奖。

(4) 质谱的发展

1940年以前，质谱仪作为一种分析手段，只用于气体分析和测定化学元素的稳定同位素。20世纪40年代，质谱仪开始用于对石油馏分中的复杂烃类混合物进行分析，并在证实了复杂分子能产生确定的重复的质谱信号之后，开始用于测定有机化合物的结构，开拓了有机质谱的新领域。

图6-10 世界上第一台真正意义上的质谱分析仪器——磁式质谱仪

图6-11 美国“曼哈顿计划”中测定浓缩铀的质谱仪

在这期间，科学家又相继研制出双聚焦质谱仪（1935年）和单聚焦质谱仪（1940年）。1942年，美国CEC公司推出了第一台用于石油分析的商品化质谱仪。

随后，四极杆质量分析器（1953年）、离子阱质量分析器（Ion-Trap）、串联质谱系统（1954年）和飞行时间

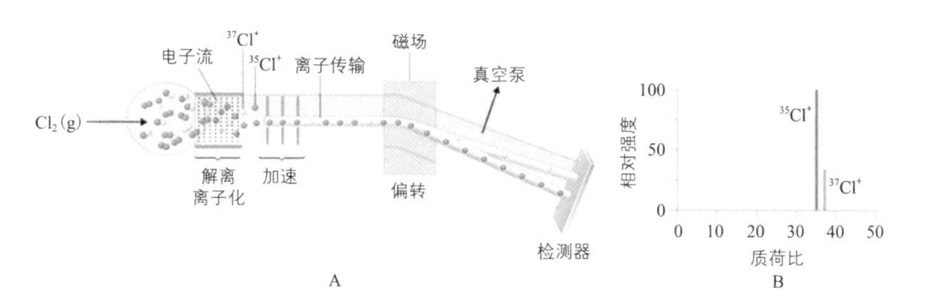

图6-12 磁式质谱仪工作原理（A）及通过磁式质谱仪获得的质谱图（B）

质谱仪（1955年）相继问世。特别是傅里叶变换离子回旋共振质谱仪具有超高的分辨率和准确度，并且数据采集速度快，可以与多种离子化方式连接，进行多级质谱的检测，在测定化合物相对分子质量、获取结构信息及研究反应机理等方面发挥着重要作用。

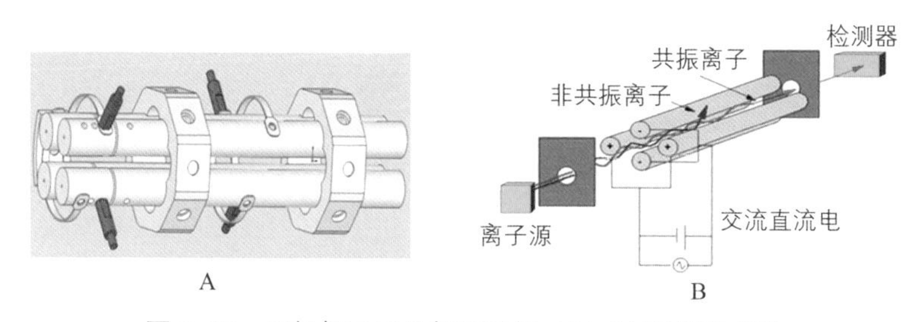

图6-13 四极杆质量分析器示例（A）及原理图（B）

1966年，伯纳比·曼森（Burnaby Munson）和弗兰克·菲尔德（Frank Field）发现了化学电离法（chemical ionization，简称CI），质谱第一次可以检测热不稳定的生物分子。质谱作为气相色谱（gas chromatography，简称GC）的检测器已成为一项标准化GC技术被广泛使用。1973年，W. 麦克拉弗（W. Maclaffety）发展了液相色谱（liquid chromatography，简称LC）与质谱的联用技术，将分离技术与质谱相结合，这是分析科学方法中的一项突破性进展。到了20世纪80年代，随着快原子轰击（fast atom bombardment，简称FAB）、电喷雾电离（electrospray ionization，简称ESI）和基质

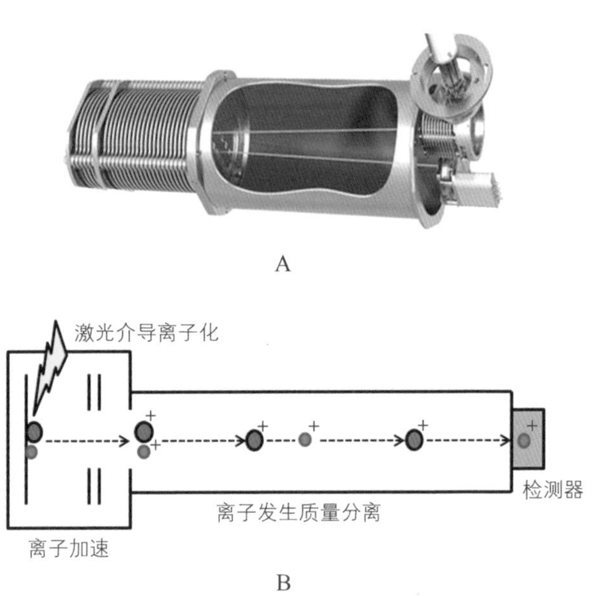

图6-14 飞行时间分析器示例（A）及原理图（B）

辅助激光解吸电离（matrix-assisted laser desorption ionization，简称MALDI）等新“软电离”技术的出现，质谱开始用于分析高极性、难挥发和热不稳定样品，特别是蛋白质样品。此后，生物质谱飞速发展，已成为现代科学的前沿热点之一。

图6-15 电喷雾现象

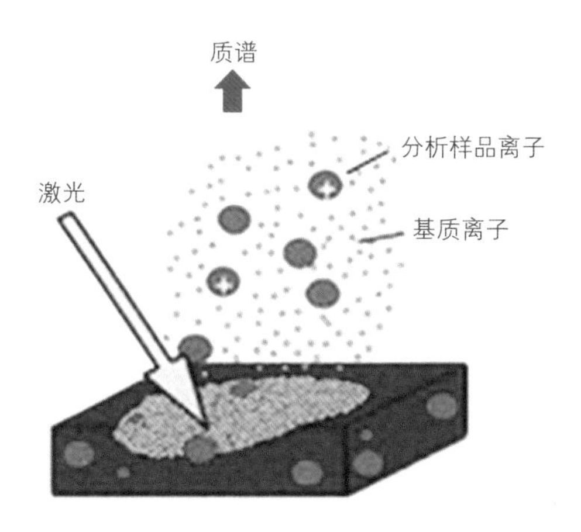

图6-16 基质辅助激光解吸电离示意图

1987年，科学家发展出了毛细管电泳（capillary electrophoresis，简称CE）与质谱的联用技术（CE-MS）。CE-MS在一次分析中可以同时得到迁移时间、相对分子质量和碎片信息，因此它是液相色谱与质谱联用技术（LC-MS）的补充。

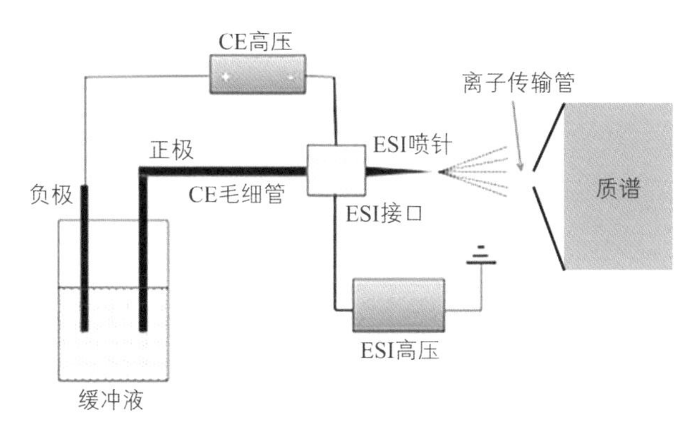

图6-17 毛细管电泳－质谱联用示意图

在众多的分析测试方法中，质谱学方法被认为是一种同时具备高特异性和高灵敏度且得到了广泛应用的普适性方法。质谱的发展对基础科学研究、国防、航天等诸多领域均有重要意义。

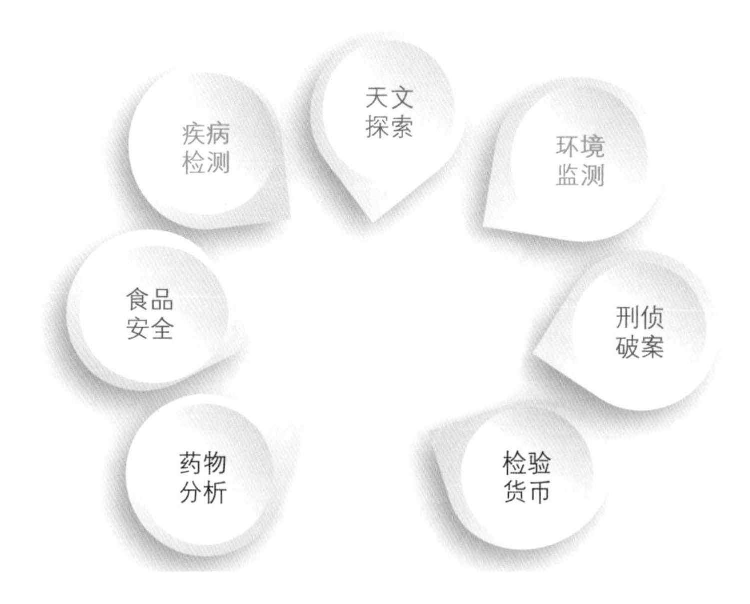

图6-18 质谱仪的应用领域

❷ 检测手段丰富多样

质谱仪的种类繁多，根据不同标准有多种不同的分类方式。质谱仪一般由进样系统、离子源、质量分析器、检测器、计算机系统等部分组成。

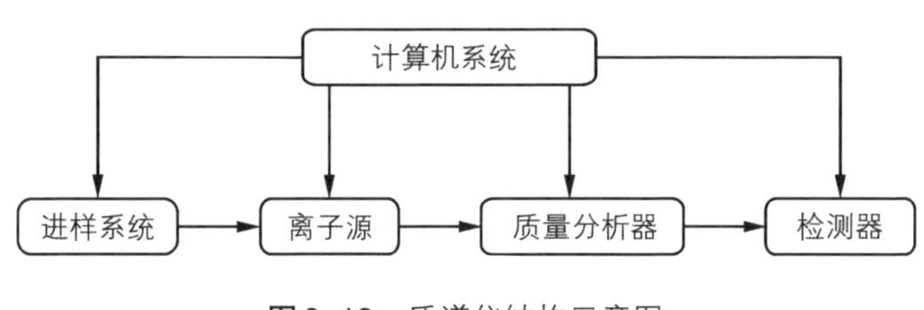

图6-19 质谱仪结构示意图

常见的分类方式是根据质谱所采用的质量分析器进行分类的，如磁式质谱仪、四极杆质谱仪、飞行时间质谱仪、离子阱质谱仪等几大类。

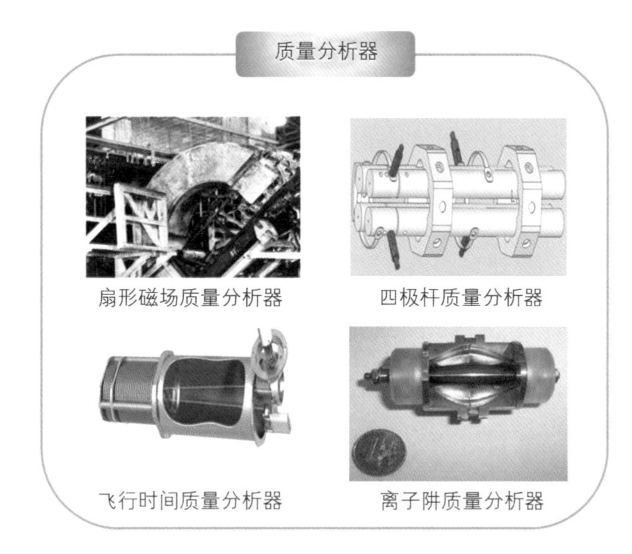

图6-20 质量分析器的基本分类及代表

每一种分析器都可以和不同的分离设备（气相色谱、液相色谱、毛细管电泳等）联用，从而用于不同的分析对象，包括无机化学、地质、环境化学、有机化学、药物研究等多个领域。

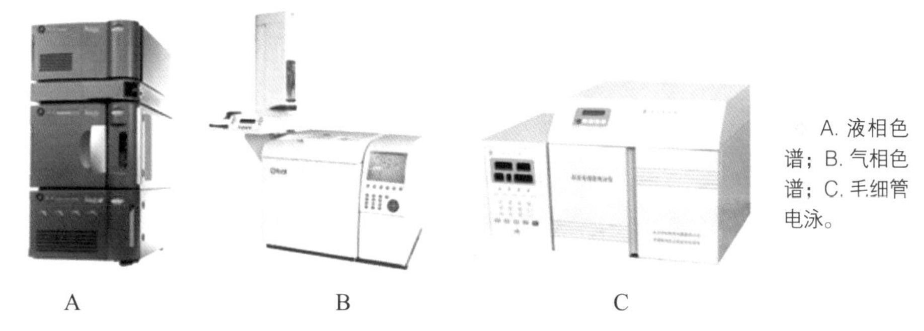

A. 液相色谱；B. 气相色谱；C. 毛细管电泳。

图6-21 常见与质谱联用的色谱技术

质谱仪的分析对象可分为小分子和大分子。在小分子分析中，通常用火花源双聚焦质谱仪（测定同位素）、电感耦合等离子体质谱仪（ICP-MS，主要用于测定金属）、气相色谱-质谱联用仪（挥发性小分子）、液相色谱-质谱联用仪（药物，有机和无机化合物）；大分子分析中最普遍的是液相色谱与高分辨率生物质谱仪联用。

生物质谱仪是质谱领域的重要一员，是主要用于研究生物学问题的质谱仪。自1876年欧根·戈尔德施泰因通过阴极射线管发现正、负离子，一直到1942年第一台单聚焦质谱仪商品化，质谱基本上处于开发和理论发展阶段，主要应用在较少的几个基础科学研究领域。质谱仪在生物大分子检测领域一直未取得很大的突破。其中关键的问题在于生物大分子的离子化相对于小分子来说要困难得多：成团的生物大分子在分离和离子化过程中，结构和成分很容易被破坏，利用常规的离子化手段很难使它们带上电荷而又稳定地存在。而且即使在等离子体解吸和快原子轰击两项软电离技术出现以后，质谱仪能够检测到的最大相对分子质量也只能够达到几千道尔顿。

生物质谱仪真正意义上的突破要数20世纪80年代中期两种新的软电离技术的横空出世：电喷雾电离和基质辅助激光解吸电离。为了解决生物大分子这个"拦路虎"，美国科学家约翰·贝内特·芬恩（John Bennett Fenn）与日本科学家田中耕一分别发明了两种不同的方法：前者发明了对成团的生物大分子施加强电场产生气相离子的软电离技术，即电喷雾电离；而后者发明了用激光轰击成团生物大分子的一种新型质谱离子化技术，即基质辅助激光解吸电离，利用激光解吸解决难挥发和热不稳定高分子样品的离子化问题。电喷雾电离是在毛细管的出口处施加一个高电压，所产生的高电场使从毛细管流出的液体雾化成细小的带电液滴。随着溶剂蒸发，液滴表面的电荷强度逐渐增大，最后液滴发生"库仑爆炸"，成为大量带一个或多个电荷的离子，致使分析物以单电荷或多电荷离子的形式进入气相。基质辅助激光解吸电离是将生物大分子分散在基质分子中并形成晶体，当用激光照射晶体时，由于基质分子经辐射吸收能量，导致能量蓄积并迅速产热，从而使基质晶体升华并带上电荷；生物大分子也一起膨胀并进入气相，同时夺取基质分子所带的电子而带上单电荷。这两种技术的发明，使质谱仪的解析范围扩大到了相对分子质量高达几十万道尔顿的生物大分子，从而开拓了质谱学的一个崭新领域——生物质谱，促使质谱技术在生命科学领域获得广泛应用和发展。

生物质谱领域对质谱分析器的灵敏度、分辨率、扫描速度等性能的要求非常高。在电喷雾电离和基质辅助激光解吸电离技术被发明后，它们与离子阱质谱仪、傅里叶变换离子回旋共振质谱仪和磁式质谱仪联用，已经使许多生物分子得到鉴定和检测，从而诞生了基于质谱的蛋白质组学技术。近年来，静电场轨道离子阱的发明，让生命科学的研究取得了又一个飞跃性的发展。相比较其他有着少则几十年、多则上百年历史的质量分析器“前辈”，静电场轨道离子阱确实是非常年轻的，但其在生命科学领域的应用却在逐渐赶超众多“前辈”。

2000年，俄罗斯科学家亚历山大·马科洛夫（Alexander Makarov）首次提出了一项新型的质谱技术——静电场轨道离子捕获技术。经过5年的不断改进，该技术终于在2005年实现商品化，研制出了静电场轨道离子阱。静电场轨道离子阱是一种超高分辨率的分析器，其分辨率早已经赶超飞行时间质量分析器，与傅里叶变换离子回旋共振并驾齐驱，并以超高灵敏度和扫描速度拔得头筹。而且，静电场轨道离子阱质谱仪操作简单、易于维护，被广泛应用于蛋白质组学、代谢组学等研究领域。

目前商业化的生物质谱仪的离子化方式主要是电喷雾电离与基质辅助激光解吸电离，前者常与静电场轨道离子阱、飞行时间或四极杆质量分析器联用，称为电喷雾质谱仪，后者一般的组合则是基质辅助激光解吸电离飞行时间质谱仪。电喷雾质谱仪的特点之一是可以和液相色谱、毛细管电泳等多种分离手段联用，从而大大扩展了其在生命科学领域的应用范围，可用于药物代谢、临床医学和法医学等领域；基质辅助激光解吸电离飞行时间质谱仪的特点是对盐和添加物的耐受能力稍高，且操作简单、测样速度快。此外，可用于生物大分子测定的质谱仪还有离子阱质谱仪和傅里叶变换离子回旋共振质谱仪等。新型生物质谱仪的开发，大大提高了仪器的分辨率、灵敏度、测量范围以及解析能力，使生物大分子的高通量的定量、定性等各种复杂分析成为可能。

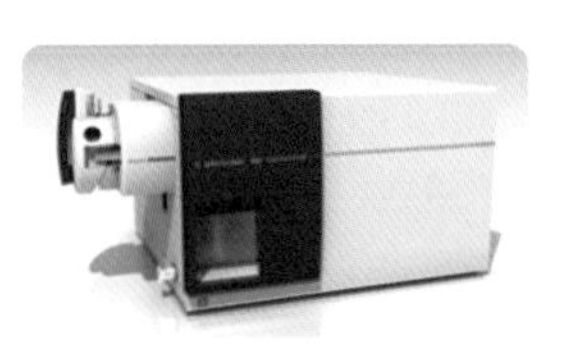

Agilent 6490 QQQ

AB 6500 Q-Trap

Waters TQS

图6-22 国家蛋白质科学研究（上海）设施配备的四级杆质谱仪

AB 5800 MALDI-TOF/TOF

Agilent 6530 Q-TOF

Agilent 6550 Q-TOF

图6-23 国家蛋白质科学研究（上海）设施配备的飞行时间质谱仪

Thermo Orbitrap Elite

Thermo Orbitrap Q-excative

图6-24 国家蛋白质科学研究（上海）设施配备的静电场轨道离子阱质谱仪

图6-25 国家蛋白质科学研究（上海）设施质谱系统实景图

正是由于质谱仪最近几十年的迅猛发展和在各个领域的广泛应用，国家蛋白质科学研究（上海）设施在设计伊始，就设立了质谱分析系统来支撑蛋白质科学研究。上海设施质谱系统设备齐全，集合了蛋白质科学研究领域常用质谱仪的十八般兵器，包括四极杆质谱仪、飞行时间质谱仪、静电场轨道离子阱质谱仪等，具有全面的质谱分析技术，可以应对各个方面的各种不同需求，并拥有一支经验丰富的团队来支撑仪器的运行、维护和技术支持。

图6-26 国家蛋白质科学研究（上海）设施质谱系统创始团队

3 技术创新人才辈出

图6-27 约翰·贝内特·芬恩

在生物质谱发展史上，有很多杰出的科学家做出了卓越的贡献，例如约翰·贝内特·芬恩、田中耕一、亚历山大·马科洛夫等。前两位因发明了两种不同的可以应用到生物大分子质谱解析中的软电离技术，同时获得2002年诺贝尔化学奖；而马科洛夫由于发明了一种新型的高分辨率质谱分析器——静电场轨道离子阱，引领了最近10年蛋白质组学的飞速发展。

知识链接

约翰·贝内特·芬恩，美国科学家。1917年出生，1940年获耶鲁大学化学博士学位。毕业后，芬恩并没有留在学术界，而是去了孟山都等公司，做一些比较实用的研究工作。直到1967年，他才回到母校——耶鲁大学任职教授，1987年退休后被聘为耶鲁大学名誉教授，自1994年起任弗吉尼亚联邦大学教授。其实，直到芬恩职业生涯的晚期，他才开始从事电喷雾电离方面的研究工作。他发展出的电喷雾离子化法使科学家能快速通过质量测定鉴定蛋白质，进而推动蛋白质组学研究的飞速发展。有人曾这样评价："芬恩开辟的蛋白质组学是后基因时代的科学标志。”

日本科学家田中耕一因一次实验失误，意外地发现了背景噪声里面的一个从未发现过的相对分子质量超过10000道尔顿的单一信号。正是这个信号的发现，开启了生物大分子基质辅助激光解吸电离法的大门。田中耕一根据自己的想法设计了相应的分析仪器，并连同分析方法一起申请了专利。1987年，田中耕一利用相关的方法已经可以检测相对分子质量大于48000道尔顿的物质，随后又提升到了72000道尔顿。

短短100多年间，已有11位科学家因为质谱技术的诞生和发展以及应用方面的重大成就而获得诺贝尔奖。除了前文提到的约瑟夫·约翰·汤姆逊（获1906年诺贝尔物理学奖，揭示电荷在气体中的运动）、弗朗西斯·威廉·阿斯顿（获1922年诺贝尔化学奖，应用质谱技术发现同位素）、约翰·贝内特·芬恩（获2002年诺贝尔化学奖，发明电喷雾电离技术）和田中耕一（获2002年诺贝尔化学奖，发明基质辅助激光解吸电离技术）等以外，还有沃尔夫冈·鲍尔（Wolfgang Paul，获1989年诺贝尔物理学奖，发明离子阱技术）、汉斯·格奥尔格·德默尔特（Hans Georg Dehmelt，获1989年诺贝尔物理学奖，发明离子阱技术）等。

近年来，我国科学家在利用生物质谱技术解决生物学问题领域也取得了许多重大成就，诞生了众多优秀科学家，对相关科学研究起到了很好的推动作用，也为一些相关的重大科学研究项目提供了有力的支持。但是，相对于基础和医学等多方面的广泛研究需求来说，我国与生物质谱相关的技术支撑力量特别是技术开发的软实力还有待进一步提高。

4 各大领域大显身手

近年来，质谱技术的应用领域越来越广。质谱分析法具有灵敏度高、检测限低、分析速度快、通量高、分析范围广、可定性和定量分析等众多优点，因此，广泛应用于化学化工、环境能源、食品安全、医学医药、刑侦科学、生命科学、材料科学等领域，具有鉴定未知分子、确定分子同位素组成以及通过观察碎片确定化合物的结构等不同功能。质谱法如今已得到普遍认可，同时也是仪器分析领域未来的发展方向。其中，生物质谱更是可提供快速、易解、多组分的分析方法，具有灵敏度高、选择性强、准确性好等特点，其适用范围远远超过传统检测方法，在生命科学研究、现代医学、医药开发等方面有着广泛的应用。

(1) 在基础科学研究中的应用

质谱由于其独特的技术优势在生命科学研究中起着越来越重要的作用，有着广泛的应用范围，目前该领域国际前沿热门研究方向包括肠道菌群的研究、RNA的调控研究、结构生物学的研究等。

2003年，科学家在完成人类基因组计划后，很快便意识到人类基因组的解密并不能使人类完全掌握人类疾病与健康的关键问题。初步的研究显示，人体内微生物细胞的数量是人体内细胞数量的10倍，其所含基因数目的总和是人类基因组所含基因数目总和的100倍。由于传统微生物学研究方法的局限性，科学家对人体内95%以上的微生物没有任何研究数据。运用质谱技术，科学家对环境中的微生物开展了很多研究，并积累了丰富的经验。如通过对每种细菌分离物的生物质谱进行分析，可得到每种细菌标志性的肽模式或肽指纹图谱来鉴别细菌。分析肽指纹图谱，通过对细菌体内含量较高的蛋白质进行鉴定，就可以对细菌的属、种、株进行鉴定。串联质谱还可以对糖类或脂类的脂肪酸组成进行鉴定。此外，通过对特殊脂质成分的分析，可了解样本中病原菌的活力和潜在感染。

英国帝国理工大学的研究人员对给药前大鼠的尿液代谢物进行质谱代谢组学测定的分析结果显示，同一个遗传品系的大鼠可以分成两种类型。这两种类型的大鼠在给予高剂量同种药物的情况下，一种类型表现出肝中毒症状，另一种则没有影响。深入研究发现，这两种类型的大鼠的主要区别是体内的肠道菌群不同，从而带来了尿液代谢物的不同。未出现肝中毒症状的大鼠肠道里存在着对药物有解毒功能的细菌，这些细菌的自我保护机制间接地保护了宿主。他们还发现高血压与肠道菌群的组成有密切的关系。最新的研究进一步表明，组成异常的肠道菌群很可能是肥胖、高血压、糖尿病、冠心病等众多因饮食结构不当造成的代谢性疾病的直接诱因。

2007年底，美国国立卫生研究院（NIH）的“人类微生物组计划”正式启动。该项目旨在通过绘制人体不同器官中的微生物元基因组图谱，解析微生物菌群结构变化对人类健康的影响。肠道微生物组表现出了越来越重要的作用，而生物质谱技术则是攻克这些生物学难题的一把利剑。

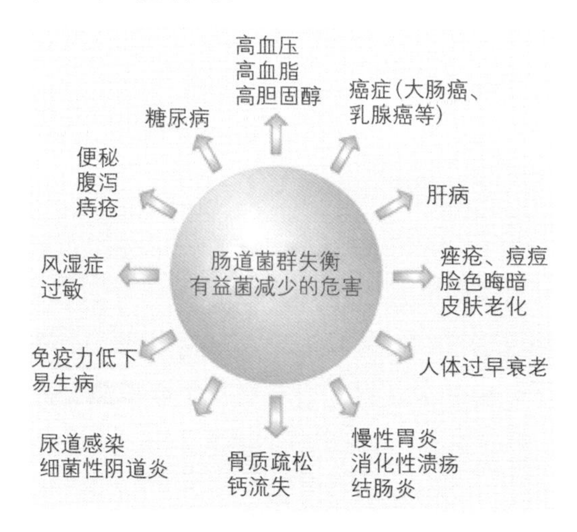

图6-28 肠道菌群对人体健康有着非常重要的作用

(2) 在医疗检测中的应用

质谱技术在医疗检测中的应用也越来越广泛，比如它在新生儿筛查、重大疾病的早期诊断等医疗检测中，都有很好的应用。

图6-29 新生儿筛查的遗传代谢性疾病

遗传代谢性疾病是一类由于单基因缺陷引起的代谢途径阻断性疾病，许多遗传代谢性疾病对新生儿的成长危害极大，因此是新生儿筛查的主要内容。我国对每个新生儿都要进行新生儿疾病筛查来尽量降低遗传病引起的严重后果，而串联质谱技术就是一种简便、快捷、廉价、高效的检测方法，用一滴血便可同时检测数十种参数，可在短短几分钟内一次性检测出包括氨基酸代谢、有机酸代谢以及脂肪酸代谢等在内的40多种遗传代谢性疾病，是一种高效的筛查方法。通过筛查可以早期发现、早期诊断、早期治疗，提高患儿的生活质量。近年来，串联质谱已成为新生儿遗传代谢性疾病筛查中最具发展潜力的朝阳技术。

采样时间：出生2—7天

采样方法：取新生儿2—3滴足跟血

检测方法：利用质谱技术，可用一滴足跟血检测20种以上遗传代谢性疾病

图6-30 利用质谱技术进行新生儿遗传代谢性疾病筛查

除此以外，质谱技术对于生物标志物（biomarkers）的发现和检测也是一种很好的医疗检测手段。生物标志物的发现和检测对于防治各种疾病，特别是重大疾病的治疗意义重大。它可以反映生物体与外界有害因素接触后机体的各种变化，包括生理、生化、免疫、细胞、遗传等方面的改变，它直接反映外来理化因素与细胞靶分子，特别是生物大分子如核酸和蛋白质的相互作用及其后果，因而具有较高的敏感性。基于生物标志物检测的早期诊断对于很多常见重大疾病的治疗至关重要，寻找和发现可靠的早期诊断生物标记物已经成为目前的一个研究热点。

（3）临床医学中的应用

质谱仪的相关核心技术不断革新，并与其他技术手段不断融合，衍生出了很多全新的应用。离子手术刀（iKnife）就是其中一个。离子手术刀是由英国的佐尔坦·陶卡奇（Zoltan Takats）发明的一种智能电子手术刀。离子手术刀能从被灼烧的组织所散发出的气体中提取关于癌症的有用信息。离子手术刀通常能够在2秒内辨别出正在被实施手术的这一部位是否为癌变部位。在手术过程中，其尖端的探针通过电击的方式来灼烧人体相关部分的组织，挥发出来的气体随后通过离子手术刀被导入一台质谱分析仪中，

比较此气体成分与数据库中其他癌变及非癌变组织的化学特征，分析结果能够很快显示在一个触摸屏监视器上，帮助医生完整地切除掉相关的肿瘤组织，而减少对肿瘤周边健康组织的伤害。同时，它也可以通过语音信号的方式向医生反馈这一分析结果，十分便利。例如，在摘除乳腺癌肿瘤的手术中，外科医生严重依赖于术前收集的医学影像等信息，导致有将近三分之一的手术无法完全抹除肿瘤的痕迹。陶卡奇表示，摘除癌变组织手术类似于闭着眼睛开车。他说："我们目前所掌握的关于手术的信息都是从术前各种检查中得出的，并不能直接被应用到手术中，这些信息并不能确保我们从病人体内切除的就是癌变组织。"而基于质谱检测技术的离子手术刀这种新型外科手术设备能够帮助医生辨别所移除的组织是否出现了癌变。

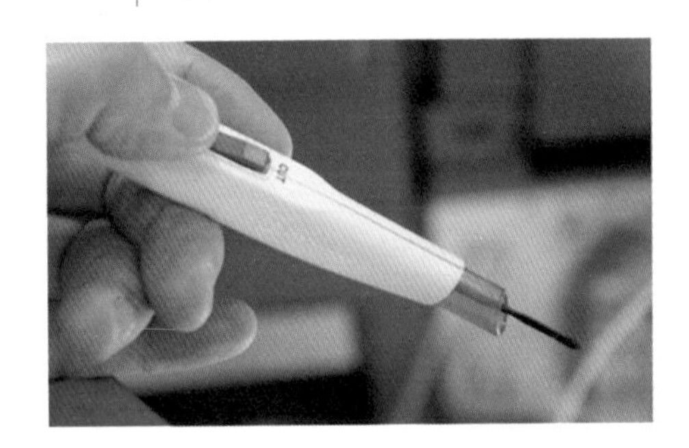

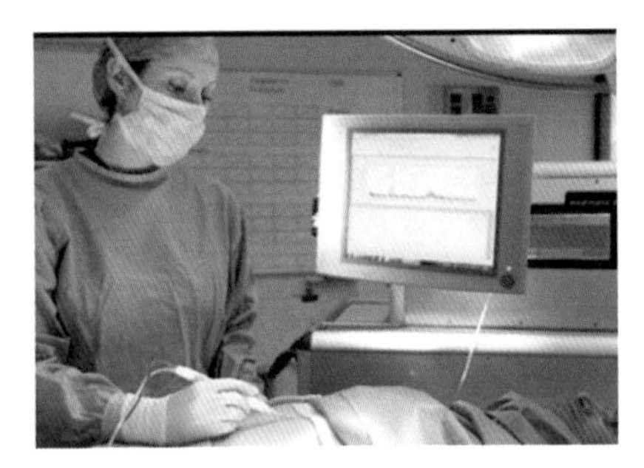

图6-31 新型手术刀——离子手术刀

当然，质谱在其他一些领域，如药物分析、检验医学中也有着非常广泛的应用，包括合成药物组分分析、天然药物成分分析、肽和蛋白质药物（包括糖蛋白）氨基酸序列分析、药物代谢研究和中药成分分析、治疗药物监测等。相较于以前的药物检测方法，如免疫化学技术和高效液相色谱技术，质谱检测能够检测的范围更广，可以定性和定量分析，检测药物准确、快速，几乎可以用于所有药物，如抗癌药、免疫抑制剂、抗生素、心血管疾病用药等，质谱已逐渐成为药物检测最强有力的工具。

(4) 其他方面的应用

质谱技术在食品安全检测、环境检测、农药残留检测、进出口检疫检测、毒品检验等领域有广泛的应用。

2015年8月12日，位于天津滨海新区的某国际物流公司所属危险品仓库发生爆炸，燃烧产生的残余物质通过水流和空气传播，对环境造成了巨大的污染。为了保障居民的生活安全，相关检测人员用质谱检测器对相关残留物进行了检测。8月29日0时至24时，现场共采集空气样品216个。监测结果显示，事发地警戒区外10个环境空气监测点位和8个环境空气流动点位中，部分点位检出氰化氢、硫化氢、氨、甲苯、挥发性有机物等污染物，但均未超标；其余各点位未检出污染物。

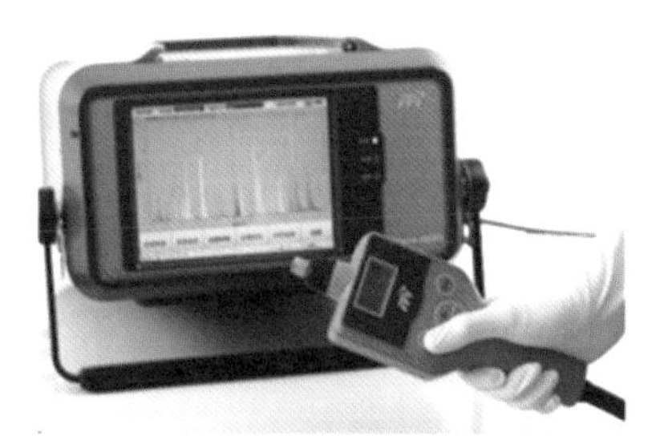

图6-32 检测人员用质谱检测器检测环境污染物残留

可以说，质谱技术已经成为多个领域物质分析的主要技术手段，其应用领域正在不断拓展，为相关研究领域提供了更为深入的研究手段，同时也是分析仪器领域未来的发展方向。

5 建设运行硕果累累

质谱分析系统作为国家蛋白质科学研究（上海）设施的重要组成部分，承担着蛋白质修饰与相互作用分析的重任。质谱分析系统主要通过对蛋白质的高通量、高分辨率、高准确性的鉴定，大规模地确定功能系统中起重要作用的蛋白质分子，并以此为研究对象，进行后续的结构分析和分子影像分析发现蛋白质的功能；通过质谱分析定位发生在蛋白质上的修饰位点，进一步指导蛋白质结构的测定和功能分析；通过对重要功能蛋白质的精确定量分析，追踪在不同时间和处理条件下的蛋白质结构变化，从而为解释细胞活动的分子机制、筛选疾病生物标志物和药物靶点提供分子基础。

自2013年6月起，上海设施质谱分析系统陆续完成了11台高分辨率质谱仪的安装调试，涵盖了我们之前提到的四种不同质谱类型中的三大类，既有高灵敏度、高扫描速度，可用来绝对定量的三重四极杆质谱仪，也有传统高分辨率质谱仪——飞行时间质谱仪和离子阱质谱仪，还有蛋白质组学研究领域的新宠——静电场轨道离子阱质谱仪。同时，集合了生物大分子研究的两种离子化手段——电喷雾电离与基质辅助激光解吸电离。可以说囊括了当今生物学研究中应用最广泛的质谱分析工具，能够满足蛋白质乃至生物大分子研究的绝大部分要求。不同类型的仪器相互补充，组成了国内目前最完备、最先进的质谱分析系统。

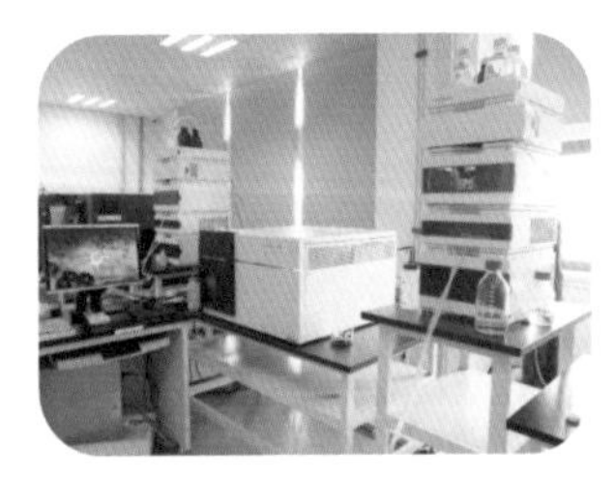
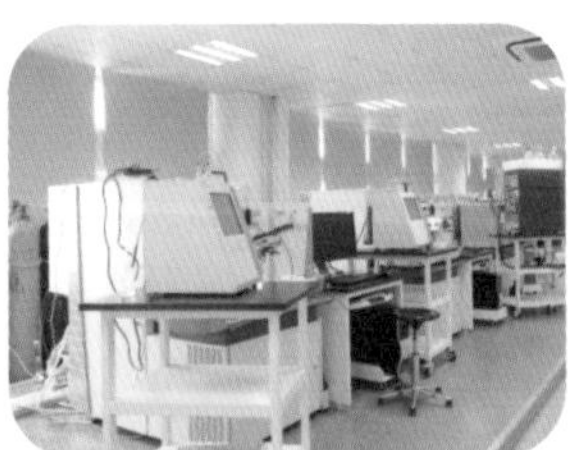

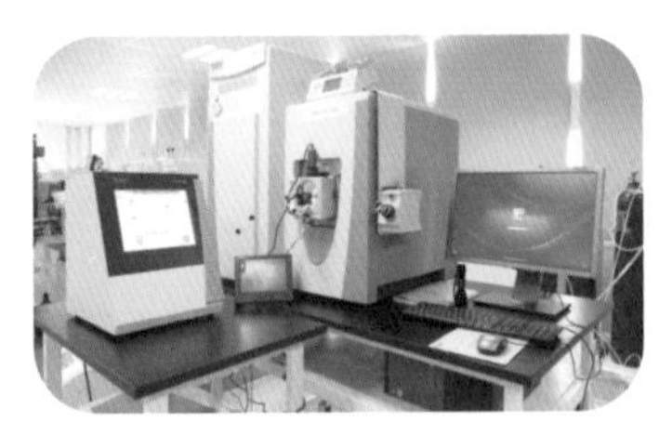
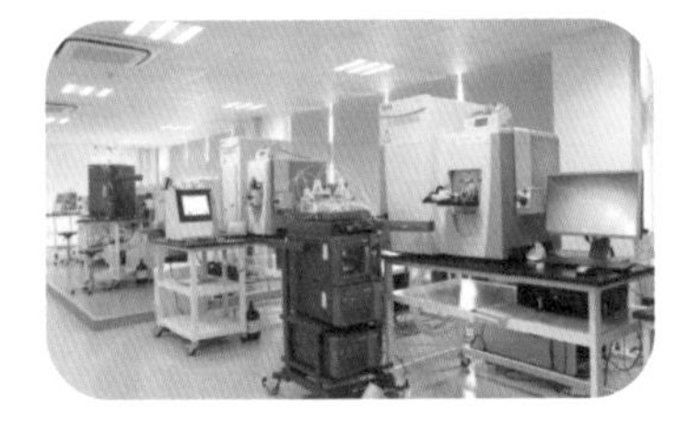

图6-33 国家蛋白质科学研究（上海）设施质谱分析系统大型质谱仪器

按照规划，上海设施质谱分析系统建成了四个主要模块：样本制备模块、蛋白质高分辨鉴定模块、蛋白质后修饰规模化分离与定位模块、功能蛋白质及其相互作用定量分析模块。四个模块采取灵活的串接或并接模式，实现系统集成和优化，旨在建成一个国际领先的，能提供全方位蛋白质鉴定和修饰分析，并具备强大的定量分析功能的蛋白质修饰与相互作用分析系统，为细胞活动的分子机制研究、疾病生物标志物筛选和药物靶点发现提供技术平台。

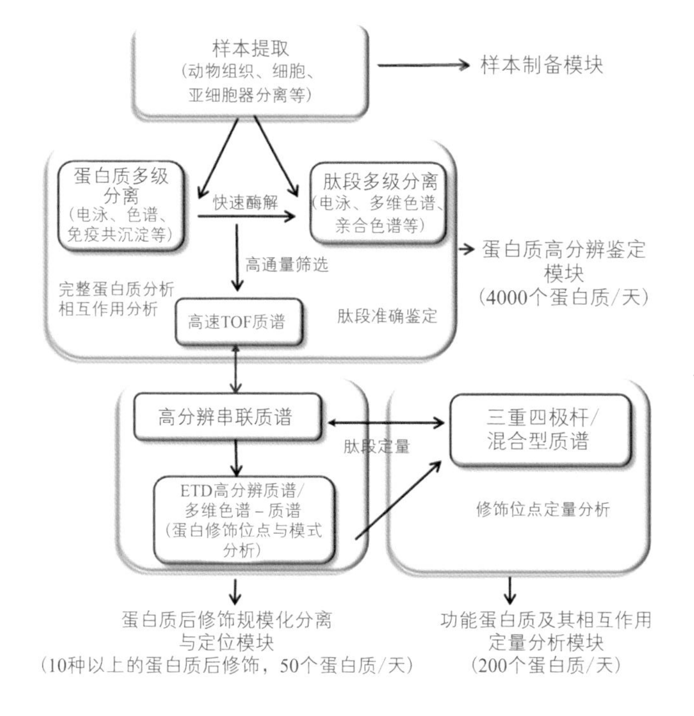

图6-34 国家蛋白质科学研究（上海）设施质谱分析系统设计模块功能组成

上海设施首先建立起了在线二维液相质谱联用先进分离检测技术，用来分析最复杂的数以千计的蛋白质混合样本的分析工作，并致力于开发微量样本，甚至单个细胞的蛋白质组学技术的开发。同时，建立起了高通量蛋白质定性定量分析和蛋白质复合物交联质谱解析的标准流程，用来应对精准医疗和结构生物学研究的新需求。表观遗传学和抗体药物的研究需求，促使我们加入了蛋白质后修饰特别是糖基化位点鉴定新技术方法的开发，与复旦大学、中国科学院计算技术研究所等合作开发了新的蛋白质糖链修饰解析软件和相关技术方法。

2015年，国家蛋白质科学研究（上海）设施通过国家验收正式运行，质谱分析系统面向国内外科研工作者开放。据不完全统计，截止到2017年12月，质谱分析系统共完成接受申请的课题近1000个，完成样品测试近5000个，开放服务机时近4万小时，并取得了许多重要的科研成果，相关用户在《自然》《科学》《美国科学院院刊》（*PNAS*）等各大国际知名期刊上发表高水平研究论文近40篇。通过质谱技术与其他多学科的联合研究，先后解决了生物化学、细胞生物学、分子生物学、合成生物学、结构生物学、药学、医学、材料科学等多个领域的众多关键问题。

质谱分析系统团队在完成繁重的科研任务的同时，不断地加强对外交流和自主创新，提升技术水平，同时，也尽自己的力量传播生物质谱知识和技能。

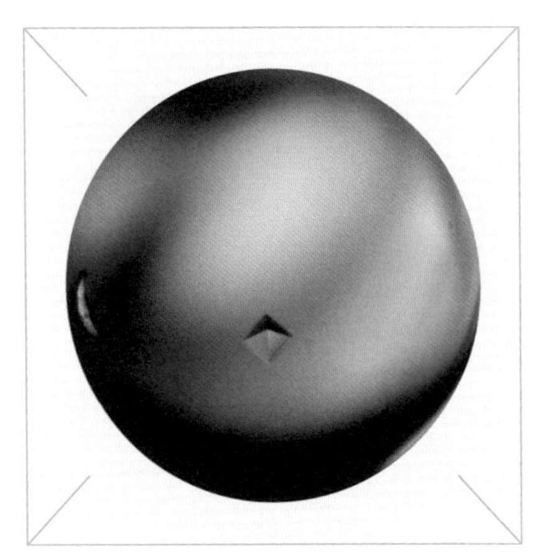

X射线晶体学是一门利用晶体对X射线的衍射效应来测定其微观结构的学科。这门学科是如何发展起来的，又将去往何方？高质量的X射线如何获得？衍射实验如何进行？衍射图样如何分析？读完本章，相信你会对这些有所了解。

蛋白质晶体结构分析衍射实验。

在显微镜发明以前，人类只能通过肉眼或者单片透镜来观察这个世界，能看到的东西是相当有限的。显微镜把一个全新的世界展现在人类面前，人们通过显微镜观察到了无数前所未见的微小的动物和植物，以及植物纤维、人体组织等的内部构造。然而，显微镜是通过可见光观测样品，通过光的折射原理成像，它的放大效果是有极限的，当样品的尺寸达到可见光波长的量级之后，可见光照射到样品上会发生衍射，这时利用显微镜就无法观测样品了。那么我们要研究尺寸小于可见光波长的物质或者结构该怎么办呢？可以使用波长更短的光源，比如X射线。

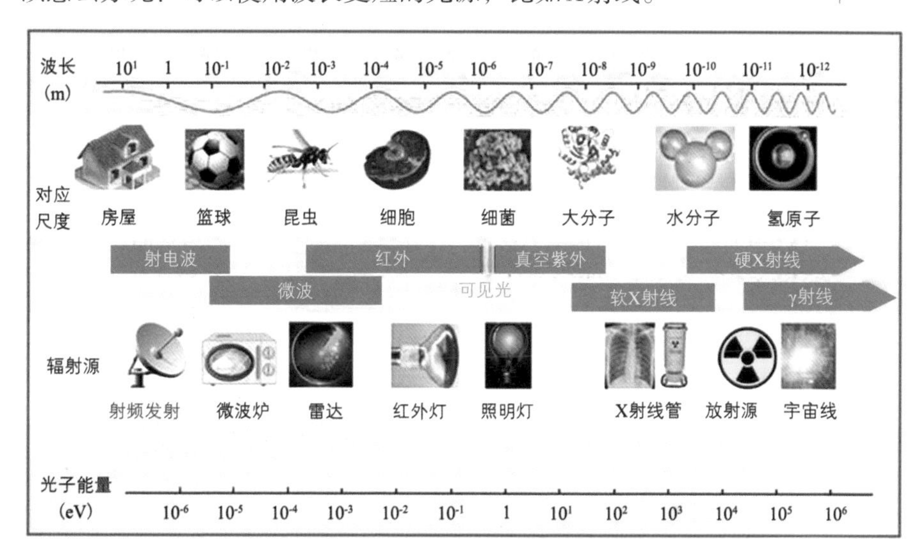

图7-1 电磁波波长及对应尺度

X射线是1895年由德国物理学家威廉·康拉德·伦琴（Wilhelm Konrad Rontgen）发现的。X射线的发现，可被列为科学发展史上最重大的事件之一。

图7-2 威廉·康拉德·伦琴

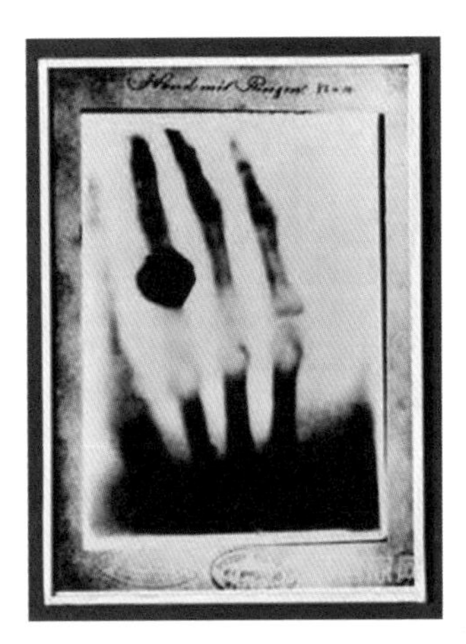

图7-3 伦琴拍摄的妻子手部X光片

X射线是一种波长在0.001—10纳米之间的电磁波，它的波长极短，能量比可见光要高好几个数量级。类似X射线这类高能量的电磁波，通常以电子伏特（eV，即electronVolt）为单位。X射线最大的特征之一就是具有穿透性，这是医院里拍摄X光片和CT的原理。

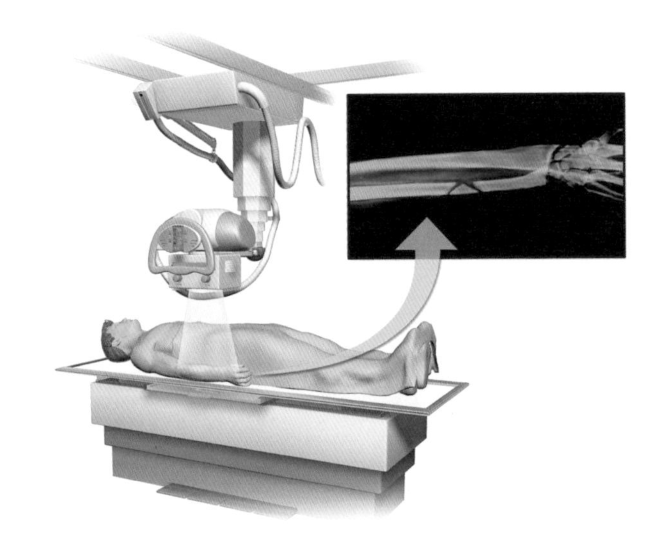

图7-4 医生用X光机拍摄X光片

X射线的波长和化学键键长的数量级相当，理论上，用X射线作为光源可以看到分子内部的结构，如原子的排列。X射线可以和分子内的电子相互作用，产生散射效应，这些散射信号中包含着分子中原子的位置等结构信息，但是单个分子对于现有强度的X射线的散射效果实在是太微弱了，X射线照射到单分子上的散射强度不足以被仪器检测到。如果人们想要研究的原子、离子或者分子能够按照一定的周期性在空间中有序排列，形成具有一定规则的几何外形的固体——晶体，那么，当X射线照射到晶体上时，规则排列的晶格会对单分子的散射效应进行放大，将可能形成足够的强度，能够被相机底片或者感光仪器所记录，因而晶体就是X射线信号的放大器。从这些散射信号中可以分析得到分子的结构信息，科学家就能在此基础上解释物质的结构与其功能之间的关系。

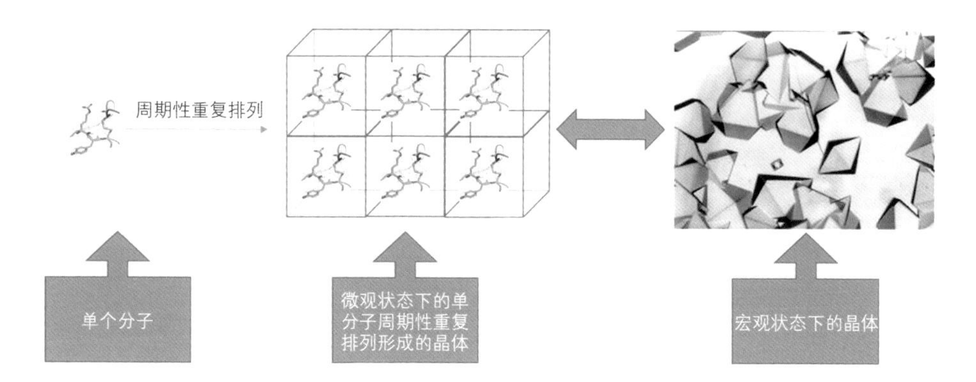

图7-5 晶体的构成

除了常见的食盐、石英、金属、合金、钻石等晶体以外，非常幸运的是，生命活动的主要承担者——蛋白质分子也能够形成晶体。利用晶态物质对X射线的衍射效应来测定物质的微观结构的学科就叫作X射线晶体学。国家蛋白质科学研究（上海）设施的“五线六站”中的大分子光束线站就是为了利用X射线探测蛋白质的分子结构而建设的。

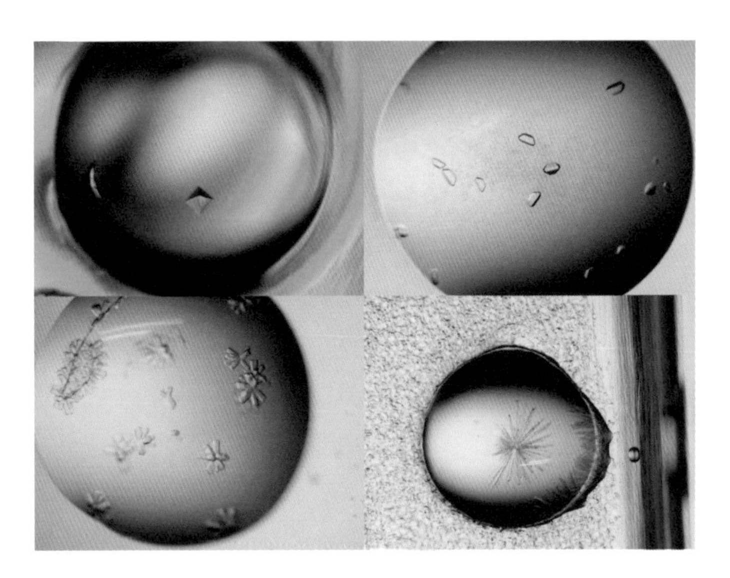

图7-6 显微镜下的蛋白质晶体

1 X射线晶体学

(1) 历史

利用晶体衍射解析结构的历史非常悠久。1912年，马克思·冯·劳厄（Max von Laue）通过硫酸铜实验第一次观察到晶体的衍射现象，并且在之后的研究中将X射线衍射与晶体结构定量地联系起来。由于发现了X射线在晶体中的衍射，劳厄获得了1914年诺贝尔物理学奖。

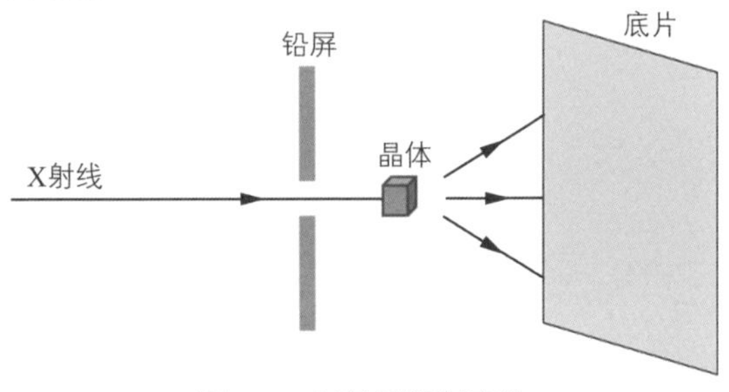

图7-7 X射线衍射实验

图7-8　劳厄等人观测到的X射线衍射图样

随后，威廉·亨利·布拉格（William Henry Bragg）和威廉·劳伦斯·布拉格（William Lawrence Bragg）父子第一次演示了利用衍射解析结构的例子，并测定了氯化钠、金刚石、硫化锌、黄铁矿、萤石和方解石的晶体结构。1913年，布拉格父子发布了著名的布拉格方程（Bragg's Law），标志着X射线晶体学理论及其分析方程的创立，揭开了晶体结构分析的序幕，同时为X射线光谱学奠定了基础。1915年，布拉格父子获得了诺贝尔物理学奖，当时小布拉格年仅25岁，是迄今为止最年轻的诺贝尔物理学奖获得者。

马克思·冯·劳厄

威廉·亨利·布拉格

威廉·劳伦斯·布拉格

图7-9　创建现代晶体学的三位关键人物

晶体X射线衍射的发现为人们打开了认识微观物质结构的大门。此前晶体学的研究停留在晶体形态学的几何关系测定这一宏观层面，晶体X射线衍射被发现后，晶体结构的研究进入到原子层面，拓展了研究对象，开辟了新的研究领域，如人们所熟知的DNA结构就是用X射线测定的。

1952年，英国物理化学家与晶体学家罗莎琳德·艾尔西·富兰克林（Rosalind Elsie Franklin）使用X射线晶体学的方法拍摄了DNA晶体衍射图片“照片51号”。这幅图片以及此物质的相关数据，是詹姆斯·杜威·沃森与弗朗西斯·哈利·康普顿·克里克解出DNA的双螺旋结构的关键线索。这张图被称为“有史以来最重要的图片”，开启了分子生物学的时代。DNA结构的发现和遗传密码的破译，标志着分子生物学的诞生，是人类在探索生命之谜的道路上一座重要的里程碑。

詹姆斯·杜威·沃森　弗朗西斯·哈利·康普顿·克里克　罗莎琳德·艾尔西·富兰克林

图7-10　发现DNA双螺旋结构的关键人物

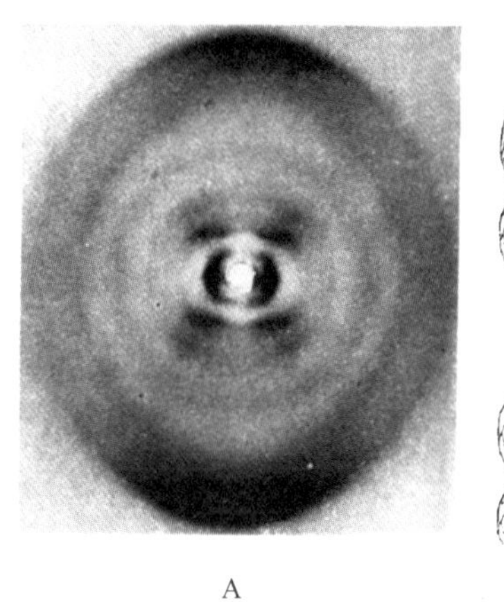

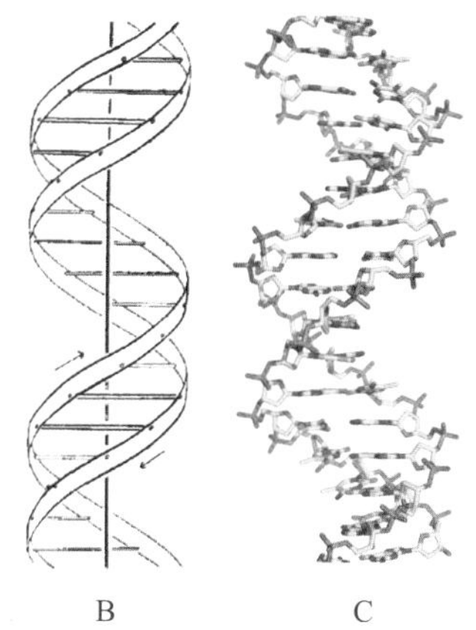

A B C

黄色的是碳原子，红色的是氧原子，蓝色的是氮原子，橙色的是磷原子。

图7-11 A. “照片51号”，沃森和克里克当年使用的DNA的X射线衍射图；B. DNA双螺旋结构示意图；C. 人类某DNA片段的晶体结构

1964年诺贝尔化学奖获得者多罗奇·霍奇金（Dorothy Hodgkin）用X射线晶体学的方法测定了青霉素和维生素B12的结构，为人工合成青霉素创造了条件，同时也为科学家研究细菌抗药性，研发新的抗生素提供了分子基础。

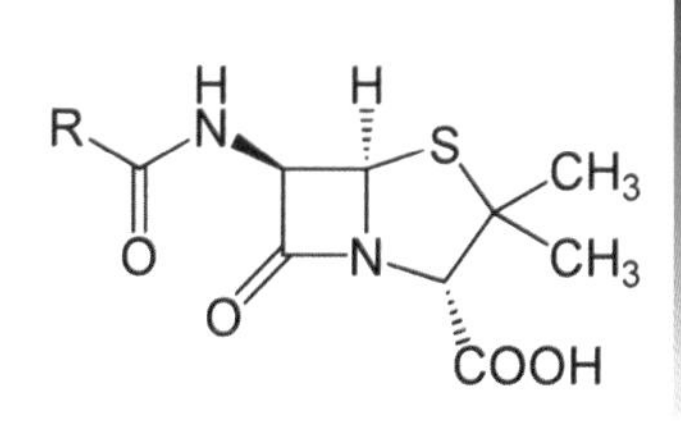

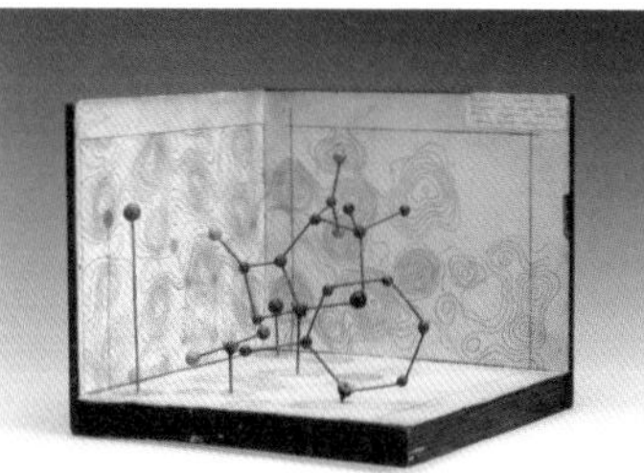

左：青霉素的核心结构，其中R表示多种基团，右：霍奇金当年使用的青霉素结构模型，现藏于伦敦科学博物馆。

图7-12 青霉素分子的化学式

发现X射线50年后，又一个重大事件出现了，那就是同步辐射的发现。同步辐射是指速度接近光速的带电粒子在磁场中沿着弧形轨道运动时释放出的电磁辐射，由于最初是在同步加速器上观察到的，故又被称为“同步辐射”或“同步加速器辐射”。

1970年，同步加速器进入X射线晶体学领域，同步辐射光源的使用使得晶体学迅速发展。X射线晶体学现已成为一种广泛使用

的方法，在确定许多生物分子的结构方面起了至关重要的作用。据粗略统计，在过去的60年里，已有近10万生物大分子的结构被晶体学家们揭示，这对医疗健康行业产生了难以估量的影响。仅仅20世纪，就有27项诺贝尔奖被授给直接使用X射线晶体学所获得的发现。2014年是现代晶体学诞生100周年，因此2014年被联合国命名为“国际晶体学年”。

左上：美国阿贡国家实验室光源APS；右上：欧洲同步辐射光源ESRF；左下：日本同步辐射光源Spring-8；右下：上海光源SSRF。

图7-13 全球部分同步辐射光源

(2) 现状

随着X射线晶体学的各种理论以及实验设备的蓬勃发展，现在X射线晶体学已经成为确定蛋白质结构的主要技术。到2016年7月，蛋白质数据库（Protein Data Bank，简称PDB）中已经收录了超过12万个蛋白质结构，这些结构中有10万多个是用X射线晶体学解析出来的，由此可见X射线晶体学在确定蛋白质结构中的重要价值。

表7-1 在蛋白质数据库中收录的结构数目

	蛋白质	核酸	蛋白质/核酸复合物	其他	合计
X射线晶体学方法	100362	1750	5148	4	107264
核磁共振方法	10046	1146	235	8	11435
电镜方法	768	30	267	0	1065
综合方法	90	3	2	1	96
其他方法	174	4	6	13	197
合计	111440	2933	5658	26	120057

（注：截至2016年7月4日，数据来自http://www.rcsb.org）

而在这些利用蛋白质晶体学解析的结构中，绝大部分是利用同步辐射的晶体衍射手段测定的。

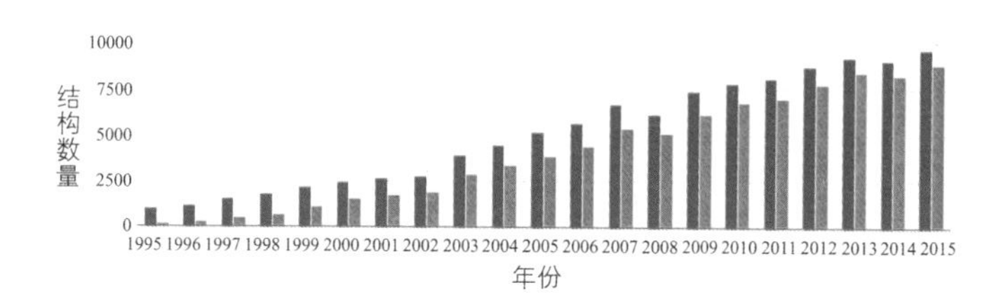

绿色为利用X射线晶体学解析的蛋白质结构的总数，橙色为利用同步辐射的晶体衍射手段测定的蛋白质结构的数量。

图7-14 Biosync在线数据库统计的利用X射线晶体学解析的蛋白质结构数目

同步辐射是解决蛋白质等复杂晶体结构的关键光源，同步辐射能够提供极高光强、具有良好的准直性和波长可调的X射线，这些特性对于生物大分子的结构测定至关重要。正是由于分子生物学技术、探测器技术、晶体学理论和同步辐射装置的发展，结构生物学得到了迅猛的发展，每年解析出来的结构数目急剧增加，对生命科学的各个领域都产生了深远的影响，《自然》《科学》《细胞》等期刊上经常发表利用同步辐射解析结构的论文。

除了数量以外，同步辐射对大分子结构解析的更重要的影响是使许多复杂结构的解析成为可能，如超大的大分子复合物和组装体等。迄今为止，基于同步辐射的蛋白质晶体学结构解析的研究工作已获得5项诺贝尔化学奖，分别是1997年的ATP合酶结构、2003年的离子通道结构、2006年的RNA聚合酶结构、2009年的核糖体结构和2012年的G蛋白偶联受体结构。由约翰·肯德鲁（John Kendrew）和马克斯·费迪南·佩鲁茨（Max Ferdinand Perutz）创立起来的结构生物学，是目前受同步辐射推动作用最大的学科。

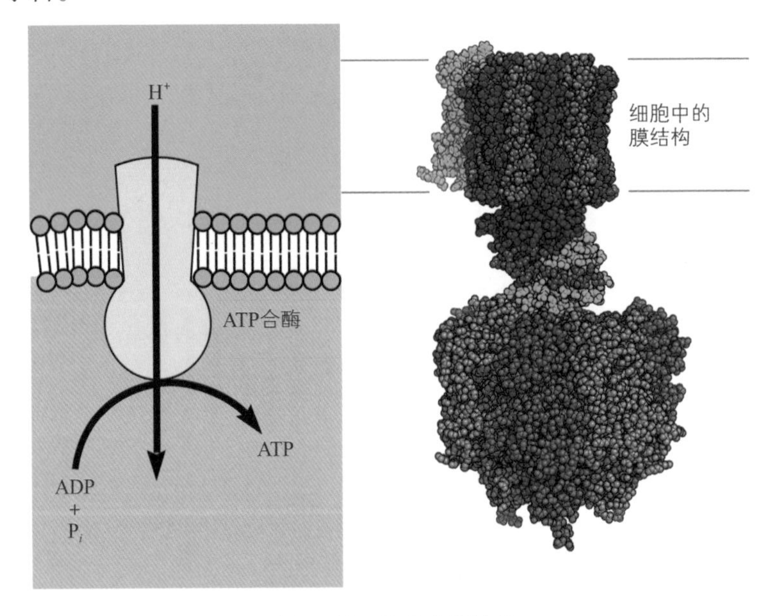

图7-15　ATP合酶结构

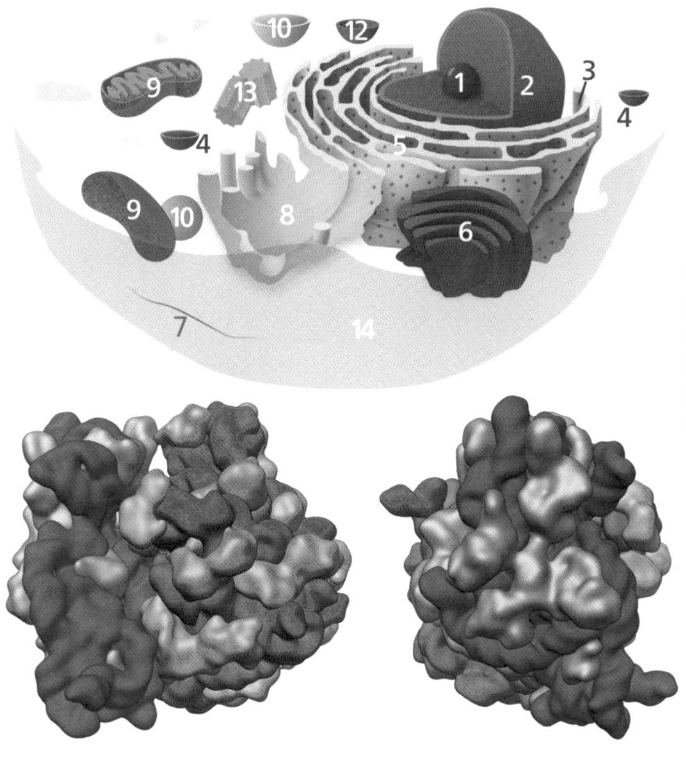

上图是核糖体在动物细胞中的位置，3所指的膜结构上的小圆点就是核糖体。下图是核糖体的分子结构图，红色和蓝色部分分别是核糖体的两个亚基。

图7-16　获得2009年诺贝尔化学奖的核糖体结构

2　同步辐射光源和上海设施晶体学线站

(1) 同步辐射光源

同步辐射一开始并不受高能物理学家的欢迎，它消耗了加速器的能量，阻碍了带电粒子能量的提高。但是，人们很快发现同步辐射是具有远红外到X射线范围的连续光谱，同时还有高强度、高准直性等特点，可以用来开展许多科学技术研究。同步辐射装置的建造以及应用已经经历了三代。

图7-17 高速运动的电子在二级铁磁体中沿着弧线轨道运动产生同步辐射光

第一代同步辐射装置是在高能物理加速器和储存环上寄生运行的；第二代同步辐射装置是专门为同步辐射应用而设计建造的；第三代同步辐射装置的特征是大量使用插入件设计的低发散度的电子储存环。上海光源就属于第三代同步辐射装置，坐落于上海张江高科技园区。它由全能量注入器［包括150兆电子伏（MeV）电子直线加速器，周长为180米的全能量增强器和注入/引出系统］、电子储存环［周长432米，能量3.5吉电子伏（GeV）］、光束线和实验站组成，在科学研究和工业生产中有着广泛的应用价值，每天都有大量来自国内外各个领域的科学家和工程师在这里进行科学研究和技术开发。

图7-18 上海光源

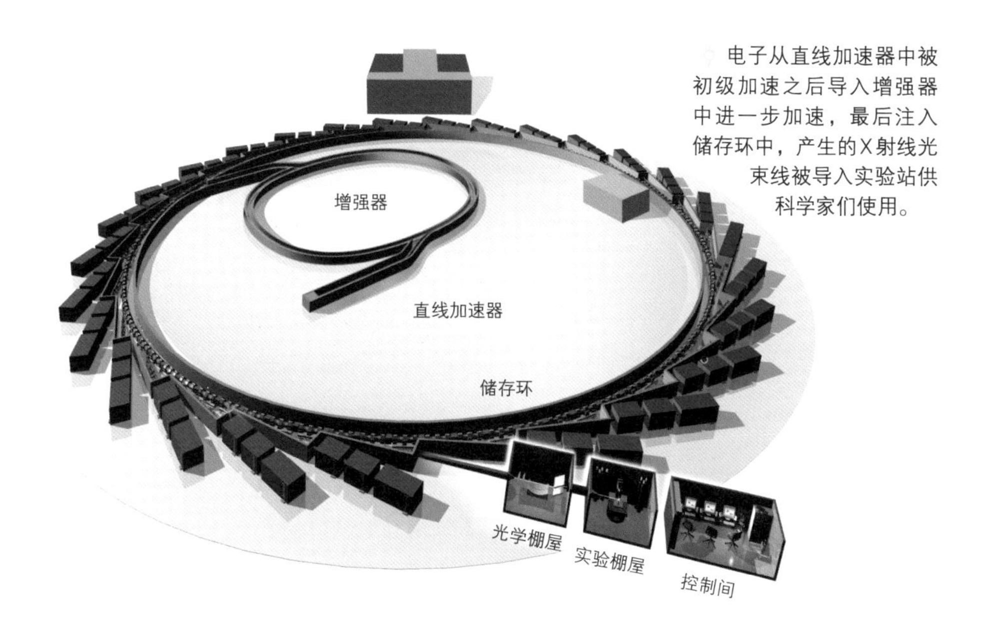

图7-19 上海光源结构示意图

(2) 上海设施晶体学线站

2013年12月，上海设施光束线站完成安装调试；2014年12月，上海设施向全国的用户发出服务（课题）申请征集通知，全面开放。

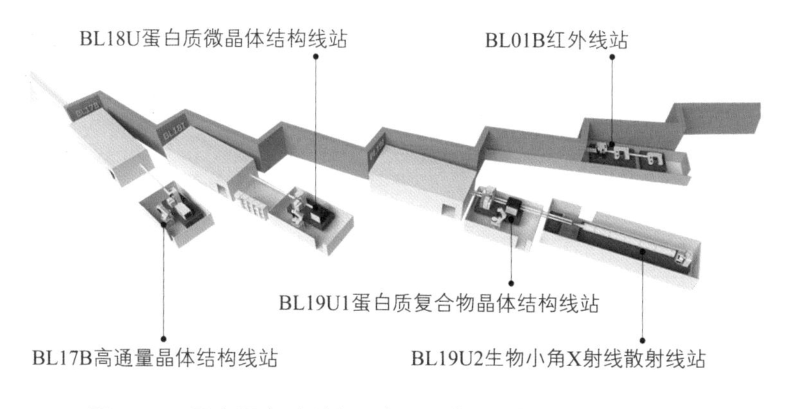

图7-20 国家蛋白质科学研究（上海）设施光束线站示意图

图7-21 国家蛋白质科学研究（上海）设施光束线站俯拍图

扫码看视频

上海设施的第二系统——蛋白质晶体结构分析系统，和第五系统——蛋白质动态分析系统，构成了蛋白质上海设施线站部，是由位于上海光源的五条光束线、六个实验站组成的，简称“五线六站”。第五系统的两个线站将在后面的章节具体介绍。第二系统由三个大分子光束线站组成，分别是：BL18U蛋白质微晶体结构线站、BL19U1蛋白质复合物晶体结构线站和BL17B高通量晶体结构线站。这三个线站各有各的特点和科学目标。

蛋白质晶体生长是一个非常复杂和困难的过程。很多蛋白质，尤其是膜蛋白，晶体生长十分困难，难以得到有序性好、尺寸较大的晶体。如果能够对微小的晶体进行结构测定，就可以极大地拓展蛋白质晶体结构测定的适用范围，提高结构分析的成功率与效率。当前国际上蛋白质晶体学线站发展的一个主要方向就是实现高亮度、小光斑的光束，从而测定晶体尺寸小到5—10微米的蛋白质晶体结构。这是上海设施蛋白质微晶体结构线站的建设目标，它主要适用于微小的蛋白质晶体的研究。

蛋白质复合物是指由几个相同或者不同的蛋白质单体组合在一起形成的可以行使功能的大的蛋白质复合体。蛋白质复合物就像一个由不同零件（单体蛋白质）组成的机器，科学家不仅需要知道每个零件长什么样子、有什么作用，还得知道这些零件组合

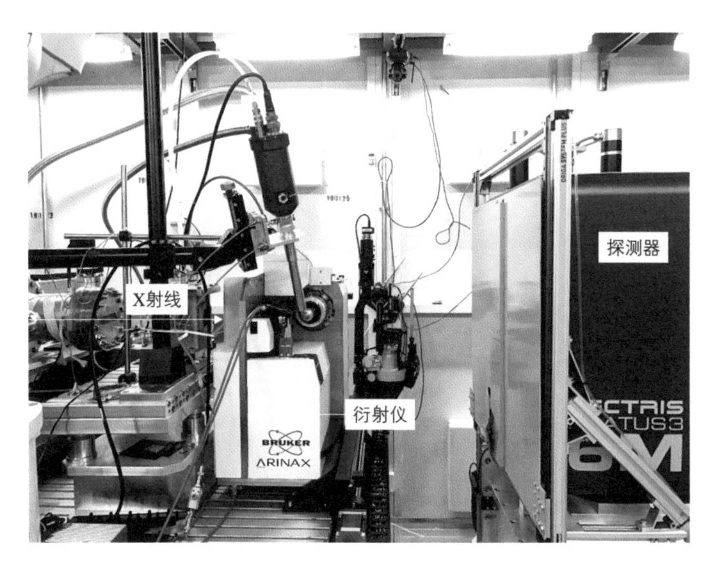

图7-22 国家蛋白质科学研究（上海）设施蛋白质微晶体结构线站

起来的整个机器长什么样子、有什么作用。比如病毒和前文提到的ATP合酶、核糖体复合物就是这样的分子机器。蛋白质复合物晶体结构线站就是为了测定这些分子机器而设计建造的。

图7-23 国家蛋白质科学研究（上海）设施蛋白质复合物晶体结构线站

高通量晶体结构线站是为了快速采集蛋白质三维结构数据而设计建造的。随着蛋白质表达与结晶技术的发展，获取蛋白质晶体的效率不断提高，对蛋白质晶体结构测定效率的要求也越来越高。高度自动化的蛋白质晶体衍射数据采集已经成为当前国际同步辐射生物大分子晶体学光束线站的主流趋势。

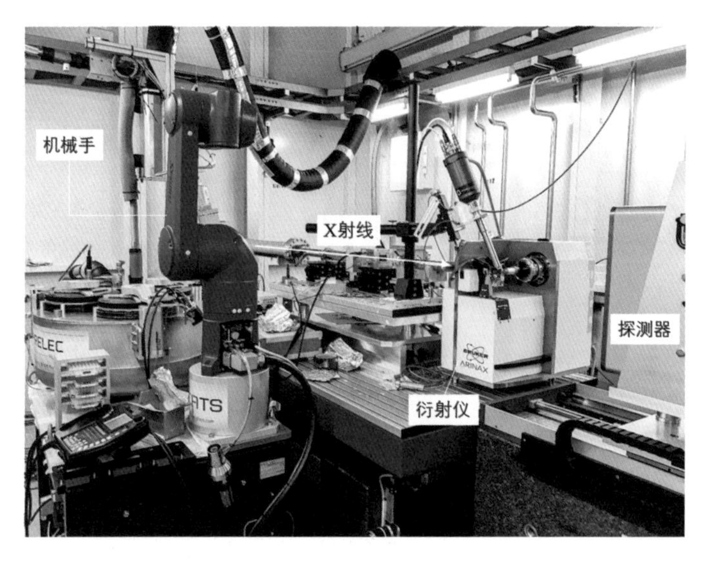

图7-24 国家蛋白质科学研究（上海）设施高通量晶体结构线站

这就好比很多的蛋白质晶体来到了线站部照相，一般的照相馆都是照2D（平面）的照片，而X射线晶体学方法照出来的是3D（立体）的照片。微晶体就像好动的小孩子，如果光线不够强，照的照片就容易模糊，因此蛋白质微晶体结构线站的主要特点就是高亮度、小光斑。蛋白质复合物晶体就好比一家人来照全家福，需要一个宽敞的照相厅，蛋白质复合物晶体结构线站就是针对大的蛋白质复合体而设计的。高通量的晶体就好比一个单位所有人来照相馆，每个人都要照一张相，对于拍摄手法和场地没有什么特别的需求，唯一的要求就是快速，这时就需要高通量晶体结构线站了，它的主要特点就是快。

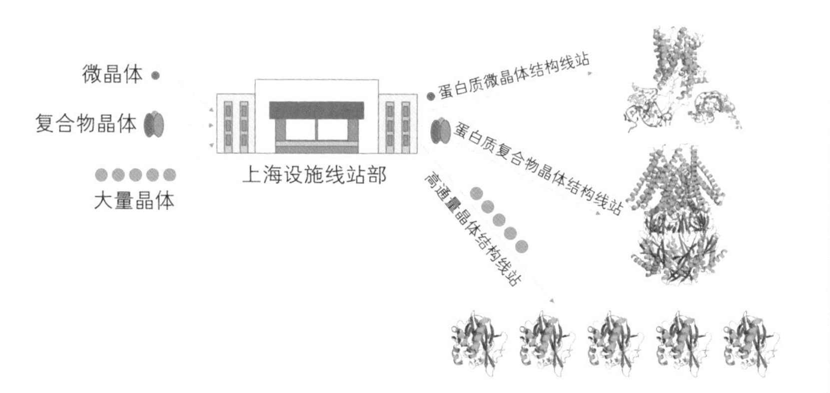

图7-25 国家蛋白质科学研究（上海）设施的三条光束线站的不同适用性

一条光束线站有三个组成部分：光学棚屋、实验棚屋和控制间，图中最左边的蓝色房间就是光学棚屋，里面放着聚焦镜、单色器等设备，其作用是根据科学家的需求得到高质量的X射线。中间粉红色的房间是实验棚屋，也叫实验站，这里是进行衍射实验的地方。右边的蓝色房间是控制间，科学家们在这里使用电脑控制光学棚屋和实验棚屋里的各种设备，并且处理实验数据，解析蛋白质结构。

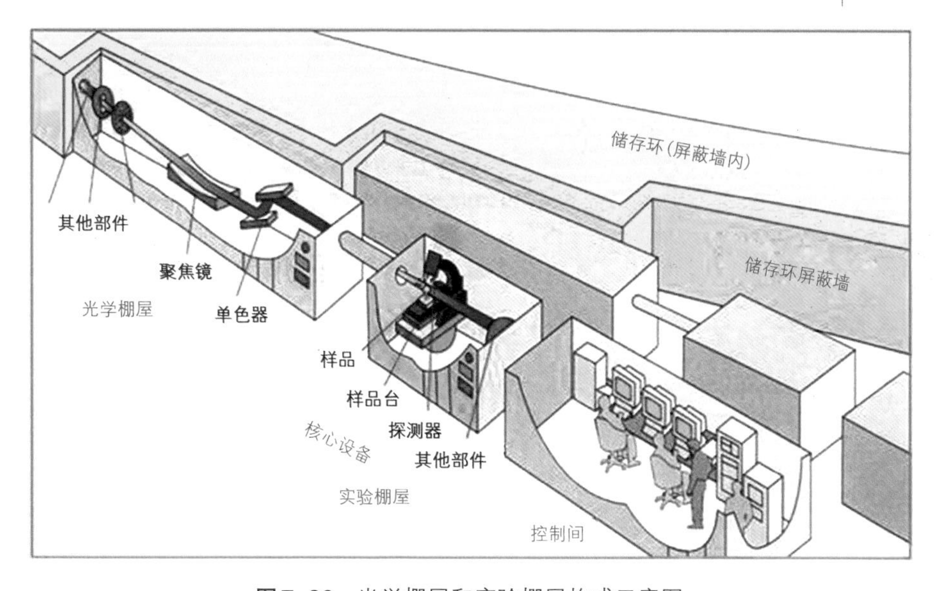

图7-26 光学棚屋和实验棚屋构成示意图

X射线沿着棚屋中间的一根真空管道传输，有各种设备来监测和调节X射线的位置和状态。

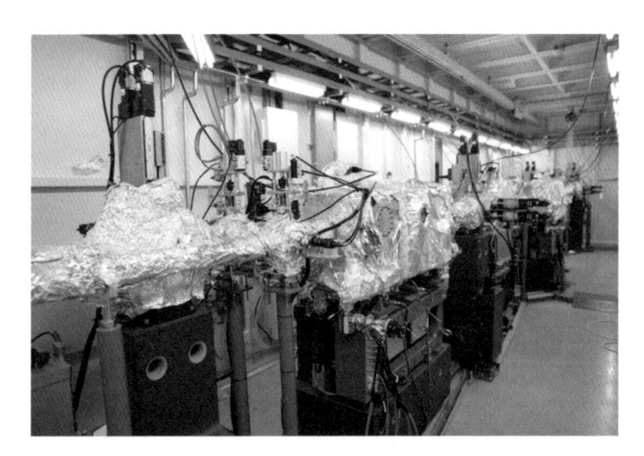

图7-27 光学棚屋

单色器是光学棚屋里的一个主要设备，其作用是将从储存环出来的多波长X光变成纯净度很高的单波长X射线。

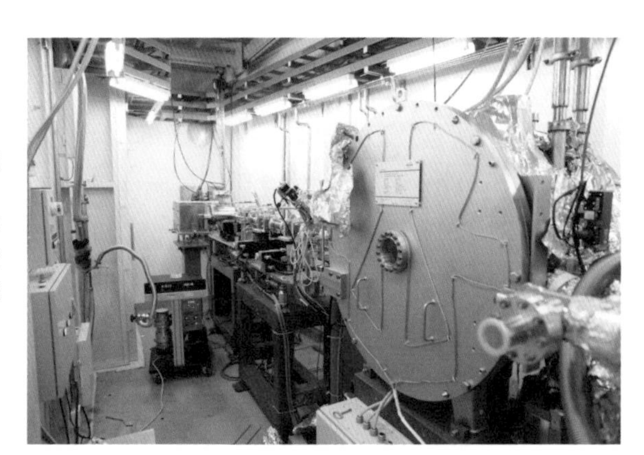

图7-28 光学棚屋里的单色器

图7-29 实验棚屋

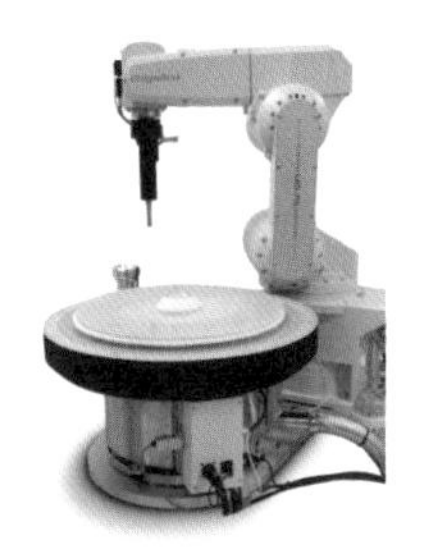

左：Pilatus 6M探测器；中：MD2衍射仪；右：Rigaku Actor机械手。

图7-30 实验棚屋的主要设备

机械手负责把在液氮中保存的晶体样品安装到衍射仪上。衍射仪的主要作用是将晶体和X射线对准，保证实验过程中X射线一直照射在晶体上，衍射实验得到的实验结果就由探测器来收集。

图中用一束绿色的激光代替了X射线，图中绿色的点就是X射线照射到的地方，也就是蛋白质晶体所在的地方。

图7-31 衍射仪特写

3 晶体分析方法

X射线晶体学解析蛋白质结构的一般流程是：首先在实验室里利用一系列的生化实验得到高浓度的蛋白质溶液；接着通过结晶实验使蛋白质溶液生长成蛋白质晶体；然后将蛋白质晶体拿到衍射实验站，用X射线照射该蛋白质晶体样品，收集它的衍射图样，就可以分析出蛋白质分子中各个原子的位置，也就是它的结构了。

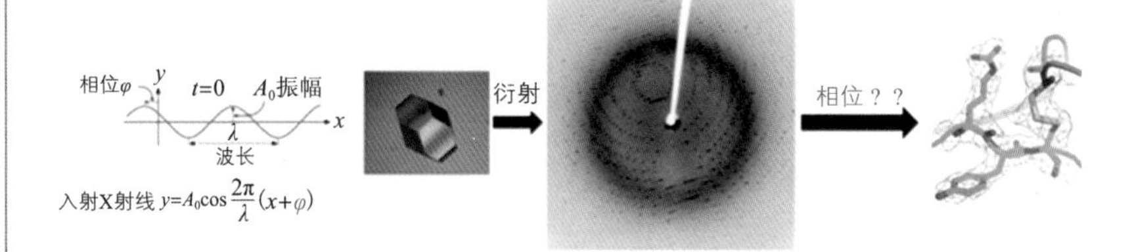

图7-32 晶体结构解析流程

让我们走进实验室，亲眼看一看蛋白质晶体是怎么制备的，以及如何得到它们的3D照片吧。先要对需要研究的特定的蛋白质进行纯化，以把它和其他不需要的蛋白质或者杂质分开。经过提纯的高浓度蛋白质溶液将在不同的pH值、盐浓度等条件下结晶。由于不同蛋白质需要的结晶条件不同，所以往往要准备非常多的结晶条件，以确定在哪种条件下能够得到质量最好的蛋白质晶体。蛋白质晶体的体积非常小，必须在显微镜下才能看得到。在将蛋白质晶体拿到光束线站上进行衍射实验之前需要对蛋白质晶体进行冷冻，挑选出来的晶体被置入冻存管，放在液氮中保存。经过一系列的处理后，就可以将蛋白质晶体拿到光束线站上照3D照片了。自动上样机械手会将蛋白质晶体从液氮罐中取出，安装到衍射仪测角头上，然后就可以进行衍射实验了。

但是，探测器上收集到的蛋白质晶体的衍射图样中所包含的信息并不是完整的衍射效应，有很重要的一部分由于无法被探测而丢失了，这就是晶体衍射效应的“相位”信息——缺少了相位信息，科学家就无法从衍射图样中还原晶体的结构。相位无法直接测量，但是它却是决定结构的重要数据。如何把“丢失”的相位找回来呢？目前用于解决相位问题的方法主要有四种，即直接法、同晶置换法、反常散射法和分子置换法。这些内容涉及非常专业的生物学、物理学知识，这里就不展开了。

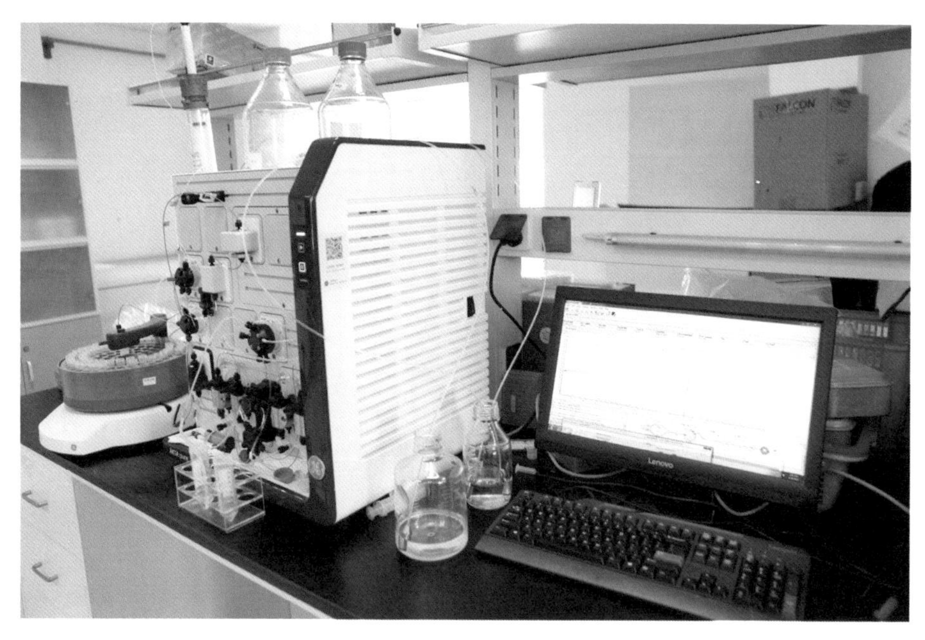

图7-33 蛋白质纯化设备

图7-34 研究人员在晶体生长板上点晶体，生长板上每个小孔内都是不同的蛋白质晶体生长条件

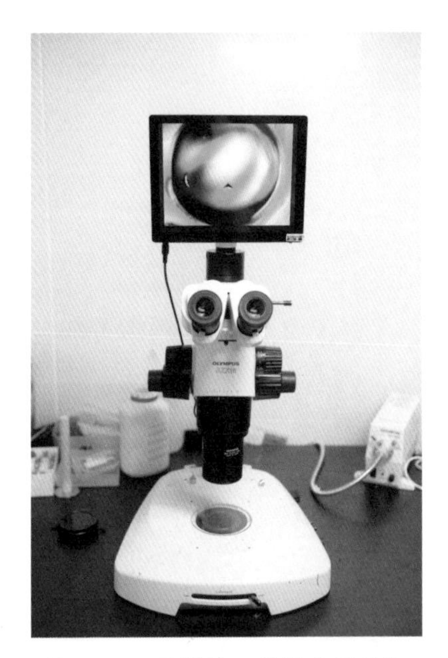

图7-35 显微镜下的蛋白质晶体（显微镜的载物台上没有放东西，显示的是以前拍摄的蛋白质晶体的样子）

图7-36 挑选出来的蛋白质晶体被置入冻存管，放在液氮中保存

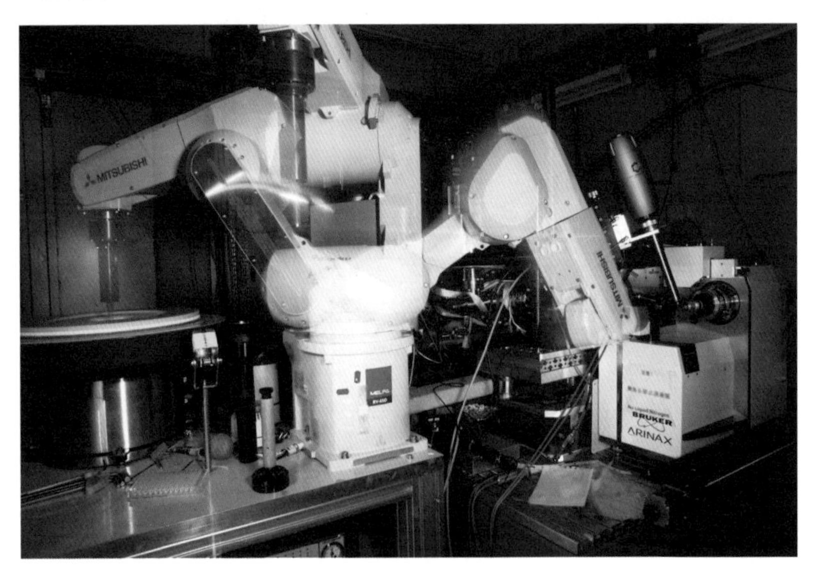

图7-37 自动上样机械手将蛋白质晶体从液氮罐中取出，安装到衍射仪测角头上，以便进行衍射实验

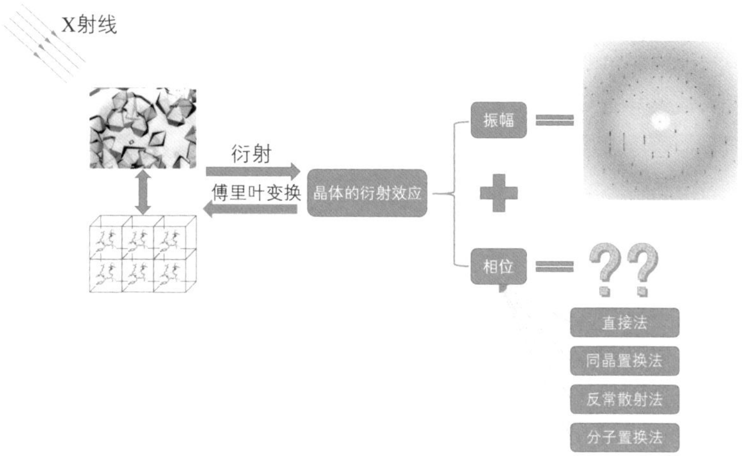

图7-38 蛋白质晶体结构的分析方法

4 用户成果

蛋白质结构分析系统自2014年运行开放以来，已经为全国200多个课题研究组提供了万余小时的机时服务，取得了一系列的重要研究成果。截至2016年7月，“五线六站”晶体学线站已经为251个蛋白质晶体学课题提供服务，累计供光5570多小时，收到157份用户反馈，用户共发表高水平论文72篇，解析结构503个（不含商业用户），其中包括埃博拉病毒糖蛋白结构。

埃博拉病毒是引起人类和灵长类动物发生埃博拉出血热的烈性病毒，其引起的埃博拉出血热是当今世界上最致命的病毒性出血热。感染者的症状包括恶心、呕吐、腹泻、肤色改变、全身酸痛、体内出血、体外出血、发烧等。埃博拉病毒具有极强的传染性，对人类具有极大的危害性，世界各地的科学家都在努力研究对抗埃博拉病毒的疫苗和治疗方法。埃博拉病毒糖蛋白结构的解析为研制埃博拉病毒疫苗提供了分子基础，具有重大意义。

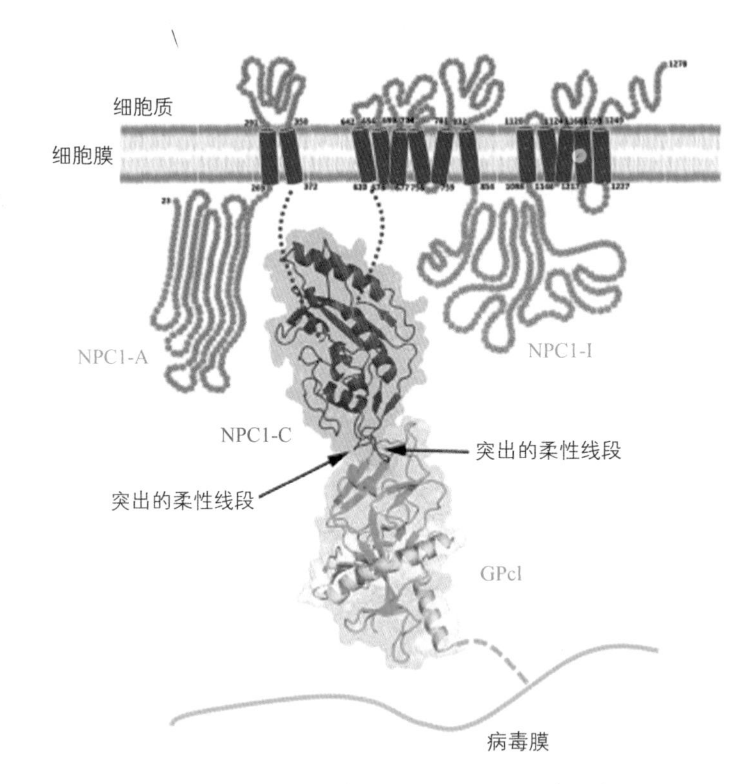

图7-39 埃博拉病毒糖蛋白和细胞膜结合示意图

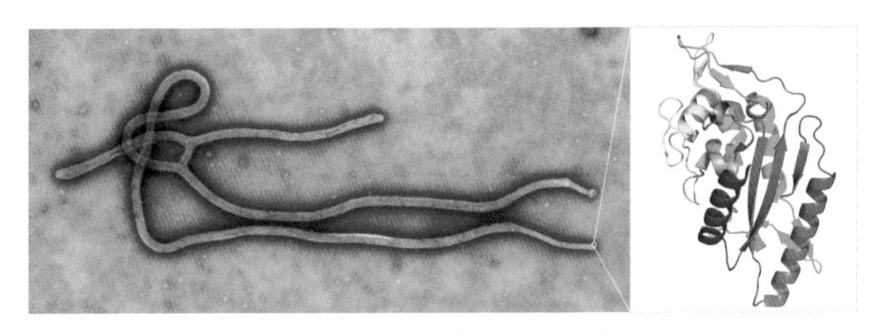

图7-40 埃博拉病毒糖蛋白结构

第八章 望见“水中月”

你听过猴子捞月的故事吗？一群在井边玩耍的猴子误认为天上的月亮掉到井里了，于是老猴子、大猴子、小猴子……一只接一只从树上倒挂下来尝试捞月亮。月亮是挂在天上的，井里的月亮只是它的倒影，当然无法被捞起来。然而现代科学家们却可以借助生物小角X射线散射技术，轻松获得溶液中生物大分子的活性结构，看见它们的样子。“水中月”不再是可望而不可即的存在，让我们一起来探索“水中月”的奥秘吧。

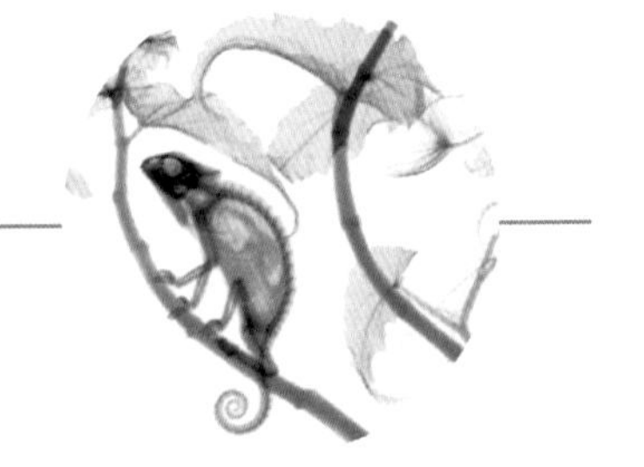

X射线里的生命之美——从生物大分子的独特视角展示地球生命的奥秘。

1 生命体系中的纳米尺度结构

细胞作为生命体系的重要组成单元，主要通过细胞膜将细胞中的生命物质与外界环境分隔开。细胞膜行使着维持细胞内相对稳定的内环境以及选择性渗透（吸收营养分子、排出代谢废物）的重要功能。细胞膜的基本骨架由鞘糖脂、磷脂以及固醇类脂质双分子层组成，蛋白质通常贯穿或者黏附在脂质双分子层的内部或者表面。常见的细胞膜厚度约为5—8纳米。

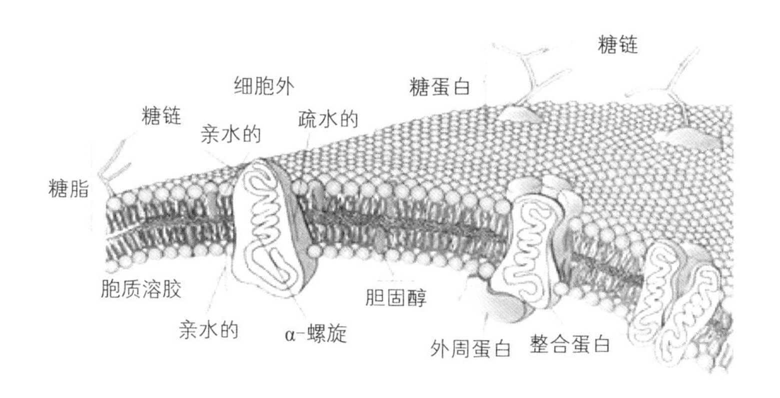

图8-1 生物细胞膜结构组织

在生物体组织和器官中还存在着种类繁多、结构迥异的纳米尺寸的物质结构。这些微尺度的结构都与生物体发挥正常的生理功能息息相关。人们所熟悉的荷叶“出淤泥而不染”的“荷叶效应”，表面成因是荷叶表面的蜡质所产生的表面疏水性，但究其本源，是由于叶表面的微纳米结构放大了荷叶的疏水性，进而导致了叶表面的高接触角和低滚动角，从而产生自洁特性。以岩石为主要食物来源的海胆，不管如何使用牙齿在石头上刮擦，始终具有剃刀般锋利的牙齿边缘。海胆的牙齿内部也具有复杂的纳米结构，主要由纳米片层和纳米纤维两种形式的方解石晶体交叉排列而成。这些生物体内的纳米尺度结构具有各自的特性，与生物的特殊生物学功能密切相关。理解这些纳米物质的结构对于表征重要蛋白质的生物学功能，以及纳米药物的研发、纳米仿生器的开发设计意义重大。

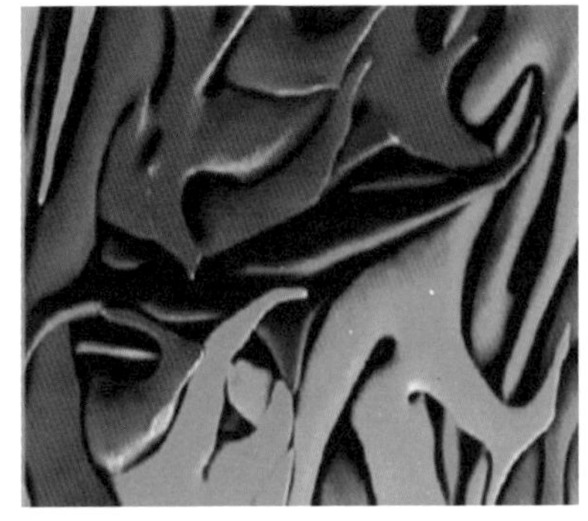

图8-2 海胆牙齿在宏观以及微观尺度的对比图片

为了更好地了解这些具有重要生物学意义的生物体系纳米尺度结构，科学家开发了许多物质纳米尺度结构表征的技术方法。例如，针对蛋白质等生物大分子结构表征的X射线晶体衍射技术、核磁共振技术以及近年来有重大技术突破的冷冻电子显微镜技术。这些技术可以进行物质原子尺度的结构表征，但每种技术都具有一定的应用局限性。X射线晶体衍射技术需要生长出好的蛋白质晶体，然而实际研究中许多具有重要生物学意义的蛋白质都是超大分子复合体，或者具有较大柔性区域的结构，结晶非常困难；与细胞调控相关的许多蛋白质都是膜蛋白，也存在结晶困难的问题。核磁共振技术受检测分子的相对分子质量限制，难以解读较大尺寸的蛋白质结构。此外，核磁共振技术对检测蛋白的浓度要求非常高，对很多蛋白质而言，获取足够的测试用量非常困难。冷冻电镜技术近年来在样品制备以及结构解析分辨率方面有了显著的技术突破，然而通常冷冻电镜技术对超大分子复合体的解析分辨率较高，而对尺度较小的生物大分子结构的解析分辨率仍需进一步提高。更重要的是，上述技术都不能很好地维持生物大分子的自然生理环境，不能用于生物大分子动态过程的结构变化表征。

与这些技术表征手段相比，生物小角X射线散射（BioSAXS）技术具有独特的技术特点。如果能与其他结构表征手段联用，可以更好地研究相应的生物大分子体系，为研究更多与生命代谢息息相关的重大生物学问题提供技术支持。

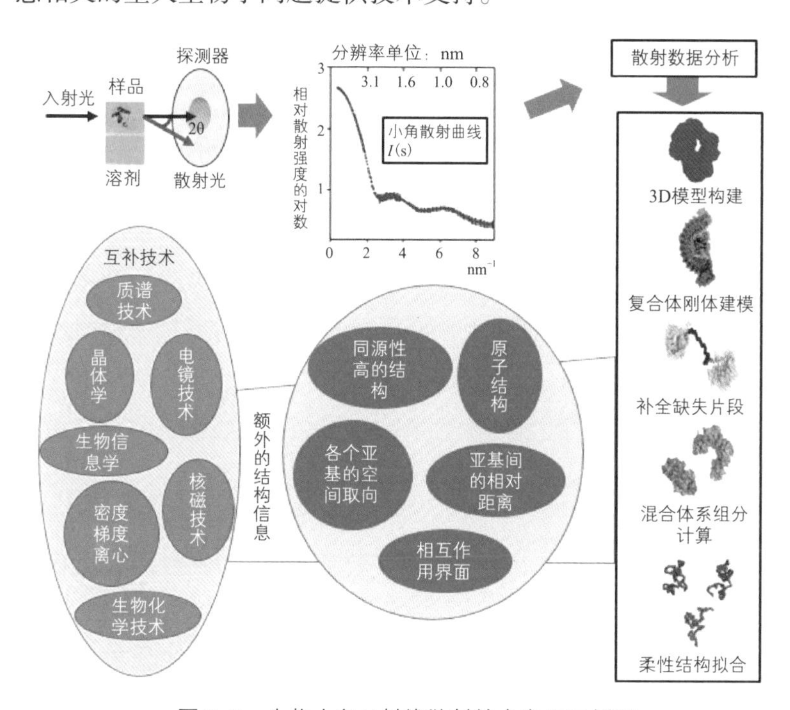

图8-3 生物小角X射线散射技术应用示例图

2 生物小角X射线散射

小角X射线散射（SAXS），顾名思义就是发生在入射光束附近小角度范围内X射线的散射现象。现今我们对于X射线已经有了比较全面清楚的认识，然而在1895年11月之前，人们并未认识到这类具有重大科学意义的射线其实就存在于我们身边，比如太阳光中就存在一定量的X射线。幸好阳光中绝大多数的X射线在经过大气层时都被吸收了，几乎不会照射到地表，否则，让我们感到幸福温暖的阳光就会由于X射线的大量存在而成为对我们身体有损害的“阳光恶魔”。

X射线是一种波长在0.001—10纳米范围内的电磁波，具有波粒二象性。X射线的波长极短，能量比可见光要高好几个数量级。类似X射线这类高能量的电磁波，通常以电子伏特为单位。X射线最大的特征之一就是具有穿透性。具体而言，当X射线穿过物质时，会有部分X射线被物质散射和吸收，使得出射光的强度较之入射光变弱。其中，物体对X射线的散射主要由两部分构成：经典相干散射和量子非相干散射。相干散射中的散射波和入射波具有相同的波长，所以也被称为弹性散射；非相干散射中的散射波波长大于入射波，且散射波波长与散射波方向有关，故而被称为非弹性散射。

当X射线经过的物体中含有有序结构时，如无机晶体和蛋白

图示中K_i为入射X射线的波矢，K_s为X射线穿透样品后散射X射线的波矢，q为散射矢量。生物溶液小角X射线散射只研究弹性散射过程，此时X射线穿透样品后的散射强度依赖于散射矢量，$q=K_i-K_s$。

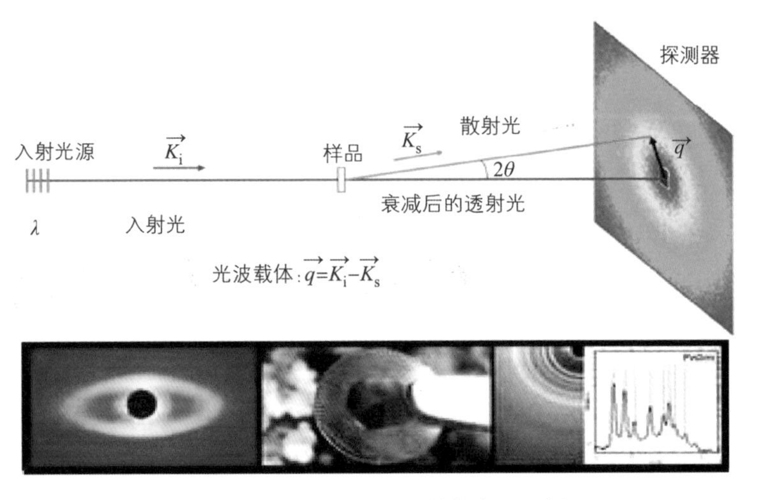

图8-4 小角X射线散射的基本原理以及结构表征示例

质晶体，相干散射波会相互叠加，产生衍射花样。布拉格父子于1913年首次发布了联系X射线波长和晶体面间距的布拉格方程，为正确解读衍射花样奠定了理论基础，也奠定了X射线衍射和X射线散射成为研究生物大分子结构有力手段的基础。

在布拉格方程的基础上，对于能够获得晶体的生物大分子，通常采用广角X射线衍射技术，通过对衍射光斑空间位置和强度分布进行分析，得到晶体的点阵参数和结构，进而给出物质原子尺度范围内（小于1.5纳米）的结构信息。而研究生物体系聚合物、生物蛋白质等生物大分子溶液、纤维束、病毒聚集体、溶胶凝胶等两相体系（溶剂和溶质两种体系）时，需要采用SAXS的方法。通过对SAXS散射花样、强度分布的分析，给出散射体的形状、大小、分布等结构形貌信息。对于对称性好的体系（如生物大分子溶液体系），还可以得到电子密度分布函数，进而构建较低分辨率（1纳米左右）的物质结构模型。SAXS作为唯一一种能够在单个图像中反映大分子完整热力学状态的技术，在物质结构表征，尤其是生物活性大分子的结构表征研究中的重要作用越来越受到广大科研工作者的重视。

扫码看视频

（1）小角X射线散射研究的发展史

20世纪30年代初，彼得·克里什那穆提（Peter Krishnamurti）在观察炭粉等大小各异的亚微观颗粒时，第一次发现了入射X射线附近的连续散射。紧接着约翰·亨德里克斯（John Hendricks）和沃伦·史密斯（Warren Smith）在观察胶体粉末时，确切地发现了小角散射的现象。在随后的近半个世纪中，安德烈·纪尼叶（Andre Guinier）、彼得·约瑟夫·威廉·德拜（Peter Joseph William Debye）、巩特尔·波罗德（Günther Porod）、朗德·霍斯曼（Rond Hosemann）以及奥托·克劳特基（Otto Kratky）等人针对多种物质的小角散射现象进行了研究和表征，指出材料内部的电子密度在纳米量级的不均匀是产生小角散射现象的根本原因。在这些科学家的推动下，SAXS作为一种有效的物质结构表征手段，被推广应用到众多领域，相应的SAXS理论也逐步得到发展和完善。如著名的Guinier公式、Porod定律等结构表征方程，至今仍被广泛应用于数据分析中。

20世纪50年代，SAXS开始被应用于生物领域（如生物大分子、病毒、染色质），针对液态体系开展研究，得到了很多有价值且重要的研究结果。针对多种体系的SAXS研究结果表明，SAXS技术非常适合解读蛋白质等生物大分子的四级结构信息。近年来，随着实验装置和实验方法的不断完善，尤其是同步辐射光源的建立以及数据解析算法的进步，SAXS技术在生物大分子结构生物学表征领域的应用取得了许多成果。

一些国家的同步辐射线站较早地注意到了小角X射线散射线站在生物学研究中的重要性。随后，越来越多的同步辐射装置开始建设小角X射线散射线站，并通过对各自线站的升级改造，在相应的实验站中装备了多元化的原位样品装置，以更好地满足生物样本小角X射线散射的实验需求。法国、澳大利亚等国都建立了小角X射线散射线站，在实践过程中都取得了非常好的效果，受到了用户的肯定与好评。

如今，SAXS技术已经渗透到材料科学、物理学、化学、生物学、医学、地质学等诸多领域。SAXS技术在亚微观物质结构研究领域的应用不断拓展，在时间和空间尺度上的结构表征也不断发展。时间分辨SAXS技术使得生物反应动态过程的结构表征成为可能。同时，随着计算方法的发展，数值法求解单分散体系的颗粒形状成为现实。尤其在生物大分子结构和形貌变化的表征中，SAXS技术不仅可以计算生物大分子的颗粒尺寸，更重要的是可以运用德国汉堡生物小角X射线散射实验组编写的ATSAS软件包，采用从头计算（*ab initio*）的计算方法，得出生物大分子较低分辨率（1—5纳米）的形貌结构，非常适合生物大分子的形貌表征、生物大分子随溶液条件变化所发生的形貌变化、超大生物分子复合物刚体建模（rigid body modeling）、柔性结构补全等结构生物学应用研究。BioSAXS技术近年来得到了迅速的发展。

（2）中国的生物小角X射线散射线站

国家蛋白质科学研究（上海）设施的生物小角X射线散射线站隶属于国家蛋白质科学研究（上海）设施蛋白质动态分析系统。作为国内首个专门用于生物样本小角X射线散射研究的技术平台，在国内结构生物学研究领域具有相当重要的意义。

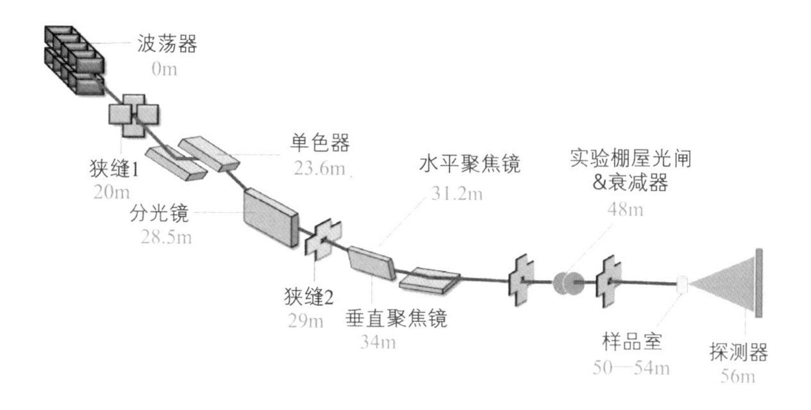

图8-5 基于上海光源的生物小角X射线散射线站布局图

上海设施生物小角X射线散射线站基于上海光源而建，其光学棚屋内采用布鲁克公司生产的双晶单色器来获得一定能量范围（7—15千电子伏）的单色光。同时采用两个压弯柱面镜来完成光束的水平聚焦和垂直聚焦。在实验平台方面，样品池处的光斑尺寸可以达到微米量级。较小的光斑尺寸使得样品池实验装置可以采用内径较小的石英毛细管，减少了由于管壁厚度以及内径尺寸所造成的不必要的背景杂散射。实验站配备有适用于不同样品检测需求的样品装置以及数据收集效率非常高的Pilatus 1M探测器。

该探测器读取信号所需的时间非常短，且排除了暗电流以及读出噪声对信号质量的影响。实验站设计样品与探测器之间的距离可根据用户的需求在0.5—8米之间切换，测试颗粒尺度范围为1—400纳米。生物小角X射线散射线站可以实现快速、高效、准确的动态生物样本检测的研究目标。

图8-6 国家蛋白质科学研究（上海）设施生物小角X射线散射线站光学棚屋内的主要设备

图8-7 国家蛋白质科学研究（上海）设施生物小角X射线散射线站实验站内的主要设备

国家蛋白质科学研究（上海）设施生物小角X射线散射线站自2011年启动设计与建设，2014年12月完成国家验收投入试运行，2015年3月正式对国内外用户开放运行。截止到2017年12月，已累计提供有效机时超过8000小时，累计接待50多家单位的100余个课题组。为了满足小角散射用户群体日益增长的科研需求，工作人员对线站进行了持续的升级改造。具体包括：生物小角X射线散射线站的真空自动样品装置的开发研制，保证了生物溶液样品较高的散射信噪比；将BioSAXS技术与最新的停流/混流装置以及高效液相色谱层析（HPLC）技术整合，实现生物样品在线分离纯化与时间分辨检测；在机械装备自动化的基础上进一步开展相应的散射数据分析处理与结果输出自动化控制程序的开发，并进一步在生物小角X射线散射线站上实现远程自动化数据收集控制。这些基于同步辐射装置的BioSAXS研究技术的发展，对最大限度地发挥生物小角X射线散射线站在蛋白质溶液动态结构变化、蛋白质复合物组装/去组装过程以及生物大分子相互作用等复杂生命现象的科学研究中的作用具有重要的技术支持作用。

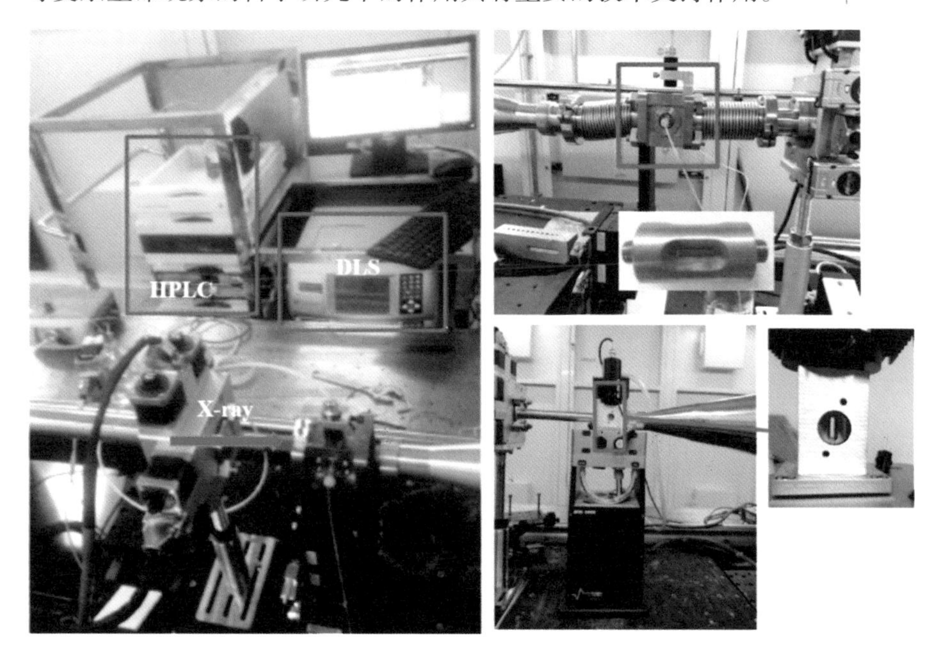

图8-8 国家蛋白质科学研究（上海）设施生物小角X射线散射线站实验站原位样品装置升级改造

从生物领域的应用研究来讲，基于同步辐射的生物小角X射线散射线站主要用于研究蛋白质等生物大分子在溶液状态下动态结构变化的生物学现象。BioSAXS是一种较低分辨率（1纳米左右）的结构生物学研究手段。近年来，随着针对生物样本散射信号数据分析算法的不断发展，从SAXS图谱分析蛋白结构不再只局限于简单的一维结构参数的量化，而是逐渐扩展到三维结构的数据模拟。现在可以根据SAXS数据，采用从头计算的方法来获得生物大分子的低分辨率三维结构，使得SAXS检测技术成为其他高分辨率结构生物学检测技术的有效补充。简而言之，SAXS技术可以应用在：比较蛋白质理论预测结构与溶液中的生理结构，验证理论结构的正确性；比较蛋白质晶体结构与溶液中生理结构的相似性；分析已知高分辨率蛋白质结构的部分缺失片段。在蛋白质各结构域或亚基的高分辨率三维结构已知的情况下，SAXS技术结合刚体建模的方式还可用于构建蛋白质或者蛋白质复合物的整体结构。

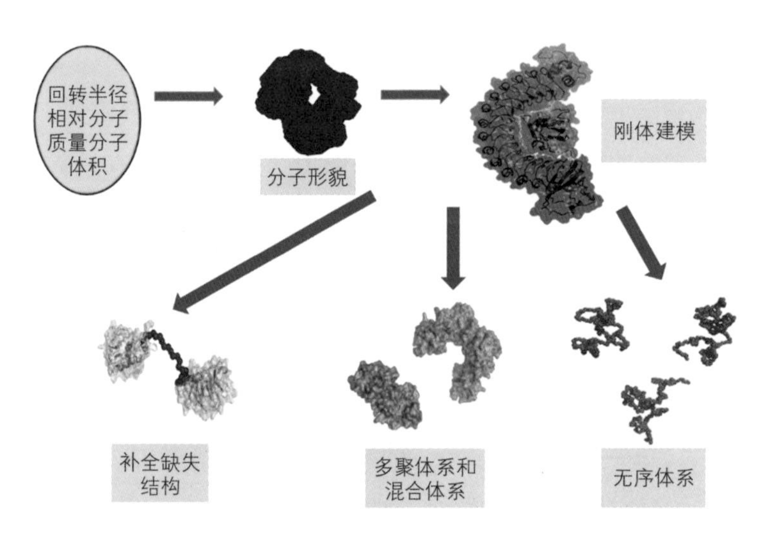

图8-9 基于生物小角X射线散射技术的生物大分子结构信息示意图

(3) 同步辐射生物小角X射线散射技术的生物应用

许多生命机能的生物学过程与反应机理都与蛋白质复合物的形状、结构以及形成过程息息相关。虽然利用X射线晶体衍射技术、核磁共振技术以及冷冻电镜技术可以获得高分辨率的部分蛋白质复合物的结构信息，然而由于上述结构生物学研究手段的局限性，这些方法并不适用于研究许多重要的蛋白质复合物的结构与功能。更重要的是，在大多数情况下，对于超大蛋白质复合物结构生物学的研究要求在具有蛋白生物学活性的溶液状态下完成，同时要尽可能避免不必要的蛋白质分子间的相互作用。SAXS以独特的优越性（可以在溶液状态下测定，具有高的反应体系均一性），在分析多结构域蛋白质以及超大蛋白质复合物三维结构领域得到了广泛的应用。在实际应用中，SAXS通常是与其他结构生物学技术相结合开展研究的。

扫码看视频

①多结构域蛋白质

在研究多结构域蛋白质的过程中，利用X射线晶体衍射技术以及核磁共振技术往往只能得到几个结构域的部分结构。这主要是受X射线晶体衍射技术和核磁共振技术在研究蛋白质结构中固有的局限性影响。在这种情况下，SAXS数据结合从头计算的方法可以构建缺失的结构域片段结构。同时在获得各结构域高分辨率局部结构的基础上，可以利用刚体建模的方法来构建蛋白质的整体结构。这部分的功能可以通过SASREF数据拟合软件来实现。其中SASREF可以同时针对多条散射曲线进行拟合，这为在多结构域蛋白质中同时研究多个突变体的结构状态提供了可能。此外，SASREF还可以自定义研究对象的对称性、取向性、结构内部关键残基的接触位点等信息，从而提高三维结构拟合的准确性。则艾弗·本·莫德蔡（Zeev Ben Mordehai）等人采用该方法成功拟合了果蝇神经粘连蛋白Amalgam的三维结构，证明了该蛋白在溶液中的活性结构为V形的二聚体。该二聚体由两个呈平行排列的单体亚基所共同组成。这些结构信息解释了Amalgam蛋白具有双向粘连的生物学特性，为进一步阐释该蛋白与受体结合的作用机制奠定了结构学基础。

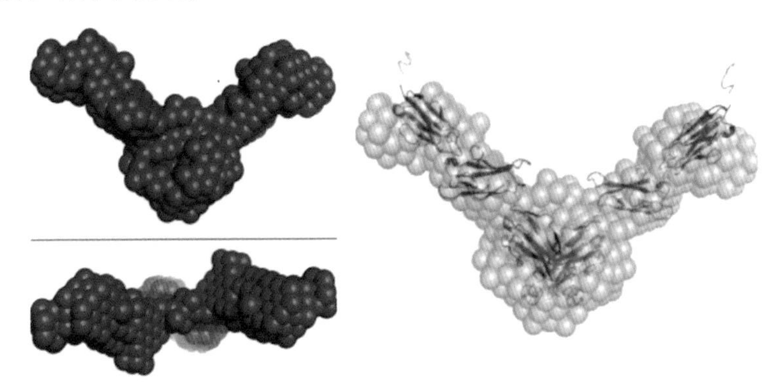

图8-10 虚拟粒子拟合而成的Amalgam蛋白空间构型

②蛋白质复合物的结构

SAXS研究方法的优点之一在于研究对象没有相对分子质量大小的限制，因而在研究蛋白质复合物的结构方面具有非常广泛的用途。尤其当蛋白质复合体的各个组分高分辨率三维结构都已知时，可以采用SASREF程序来进行复合物结构的拟合。而当各亚基之间存在柔性区段时，就需要整合从头计算的方法以及刚体建模两种方法来拟合蛋白质复合体的结构。BUNCH程序就是这两种处理方法的结合体。近年来，研究人员利用该程序已经成功解析了多个蛋白质复合物的三维结构。加文·施密特（Gavin Schmidt）等人就利用该程序成功拟合了人补充因子H（fH）的中心部分三维结构。fH是人类免疫系统的关键蛋白。它是一个由20个控制蛋白模块（每个模块含有60个氨基酸残基）组成的超大蛋白质复合体，其中每个控制蛋白模块都通过一段非常短的铰链与中心基团相连。研究人员通过将SAXS数据与核磁共振数据相结合，成功拟合了fH各个蛋白模块与中央基团铰链的相对位置，完成了结构解析。

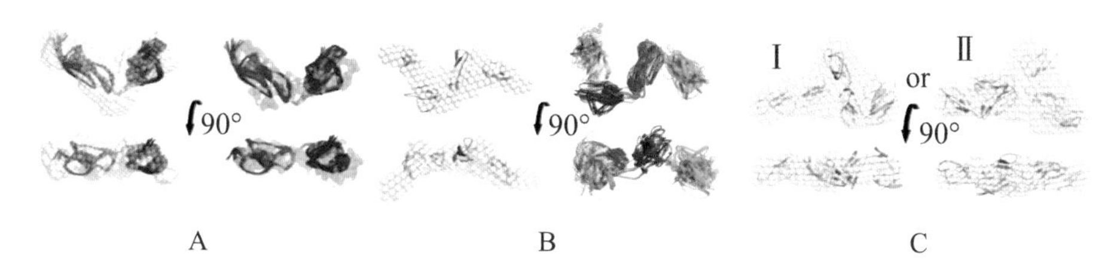

图8-11 根据SAXS散射曲线模拟出的fH蛋白虚拟粒子拟合模型

A. fH12－13亚基复合体的核磁共振原子结构与虚拟粒子结构的拟合；B. fH11－14亚基复合体的核磁共振原子模型与虚拟粒子结构的拟合；C. 采用BUNCH程序构建出fH10－15亚基复合体的核磁共振原子模型，并将fH10－15亚基复合体的核磁共振原子模型与虚拟粒子结构拟合，结构非常一致。

③蛋白质结构的动态变化

SAXS不仅能够提供蛋白质的低分辨率三维结构信息，而且可以用于蛋白质折叠和构象变化等动态方面的研究。由于第三代同步辐射光源的脉冲时间间隔非常短，在该光源上进行SAXS实验，从时间上讲可以达到微秒的数量级，使得在时间尺度上研究蛋白质结构的动态变化成为可能。值得一提的是，SAXS在研究生物大分子复合物组装/去组装过程的科学研究中具有非常广阔的应用前景。本特·韦斯特高（Bente Vestergaard）等人就成功采用SAXS技术在微秒时间尺度研究了胰岛素蛋白的纤维化过程。由于淀粉样纤维的形成是许多疾病的致病原因，而胰岛素蛋白作为一种治疗药物也会形成淀粉样纤维，为药物的储藏过程带来许多不便。韦斯特高等人通过时间分辨SAXS实验，采用从头计算的方法重构了淀粉样纤维状胰岛素蛋白的螺旋样多聚体结构，揭示了该多聚体是由五至六个胰岛素蛋白单体组成的纤维状前体相互结合而形成的超大复合物结构。该研究组在胰岛素蛋白纤维状前体结构的基础上对超大复合物的散射曲线进行拟合，成功证明了淀粉样纤维状胰岛素蛋白是由三条相互缠绕的胰岛素蛋白纤维状前体相互缠合而构成的复杂多聚体结构，该结构与已知的电镜结构数据高度一致。

研究者通过SAXS数据重构出成熟的胰岛素纤维原较低分辨率的三维结构，并进一步采用线性回归分析的方法找到了胰岛素蛋白组装过程的中间体。该研究为针对淀粉样疾病药物靶点的设计与研发提供了很好的结构生物学数据支持。

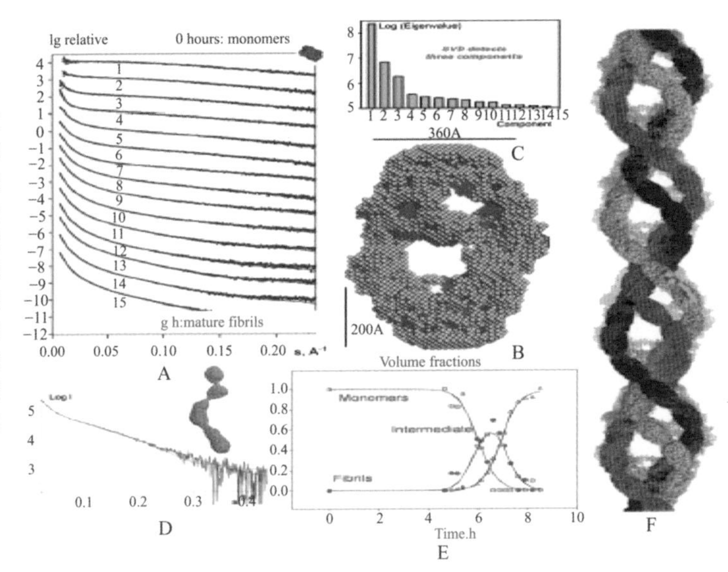

图8-12 淀粉样纤维状胰岛素蛋白结构的SAXS研究

④BL19U2生物小角X射线散射线站用户成果

2016年7月12日，国家蛋白质科学研究（上海）设施生物小角X射线散射线站用户中国科学院药物研究所与华东理工大学的科研人员合作在《化学科学》（*Chemical Science*）上发表了荧光分子探针构建与应用方面的研究成果。发展可用于检测生物大分子（如核酸、蛋白质）的小分子荧光探针一直是国际上的研究热点，然而可用于检测并实现生物大分子结构水平协同调控的分子探针较为少见。荧光分子探针通过一定长度的柔性链偶联萘酰亚胺与芘这两种常用的荧光染料，促使探针在水相中形成一类“自折叠”的染料折叠体，继而在萘酰亚胺端引入可被花生凝集素（PNA）与脱唾液酸糖蛋白受体（ASGPr）识别的半乳糖，简易构成了双亲性的糖基折叠探针。研究人员利用SAXS技术证实了这一折叠体可通过与PNA的相互作用解折叠，进而通过芘的分子间堆叠作用形成探针/凝集素超分子交联体。此探针可用于高表达

ASGPr的肝癌细胞靶向荧光成像，对不表达此受体的对照细胞不会产生标记效应。进一步的研究还发现该探针可用于示踪ASGPr的内吞过程，可准确定位受体在早期内涵体、晚期内涵体、循环内涵体及溶酶体的转位、更新等生命过程。这一发现可用于检测并协同调控生物大分子的结构，对于流行性病毒的快速检测具有重要意义。

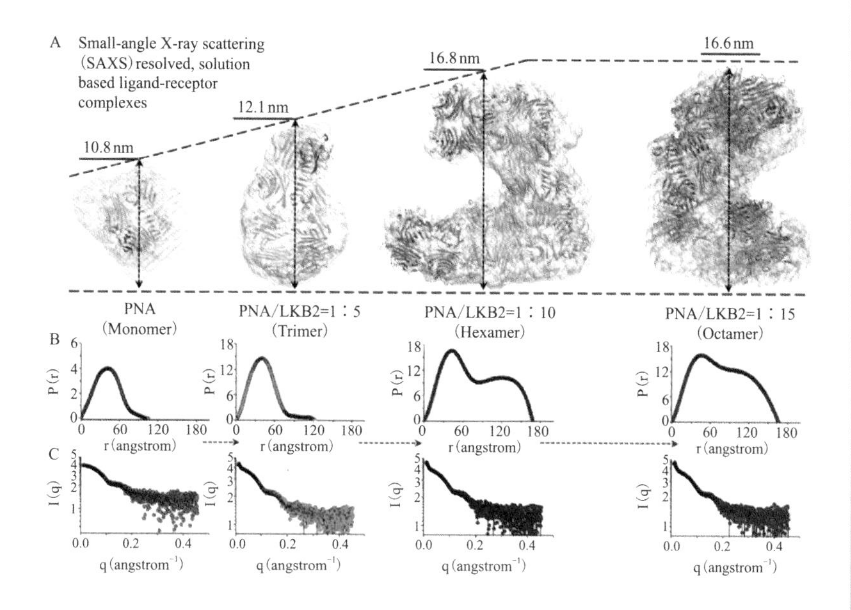

图8-13 糖基折叠探针的结构、与蛋白质作用模式的SAXS研究

研究者采用已知的花生凝集素单体晶体结构，基于SAXS数据构建出的分子模型，将晶体结构与SAXS模型进行了拟合，解释了花生凝集素与脱唾液酸糖蛋白受体相互识别的作用机制，为流行性病毒的快速检测提供了数据支持。

蛋白质作为生命组成的基本单元，其本身也处于不断运动的动态过程中。作为生命活动的执行者，蛋白质只有通过运动才能执行特定的生物学功能。为了更好地了解蛋白质结构的动态变化过程，中国科学院武汉物理与数学研究所研究人员发展了一种免标记的顺磁核磁技术，不仅能够在接近生理环境的溶液状态下对蛋白质的动态结构进行解析，还避免了传统的顺磁核磁技术需要对蛋白质本身进行修饰标记的限制。2016年12月19日，该课题组的研究人员用这种新方法准确捕获了不同大小、运动特性的蛋白质体系在溶液中的动态系综结构，并借助上海设施的生物小角X射线散射线站对数据进行了验证。该研究运用SAXS技术验证了课题组开发的顺磁核磁共振技术对蛋白质系综结构分布的标记作用，进一步说明了SAXS与核磁共振的整合研究对于获取生物大分子动态反应过程瞬态中间体结构信息、阐明关键活性分子的折叠机理以及针对特定生物大分子活性结构进行药物设计具有重要意义。

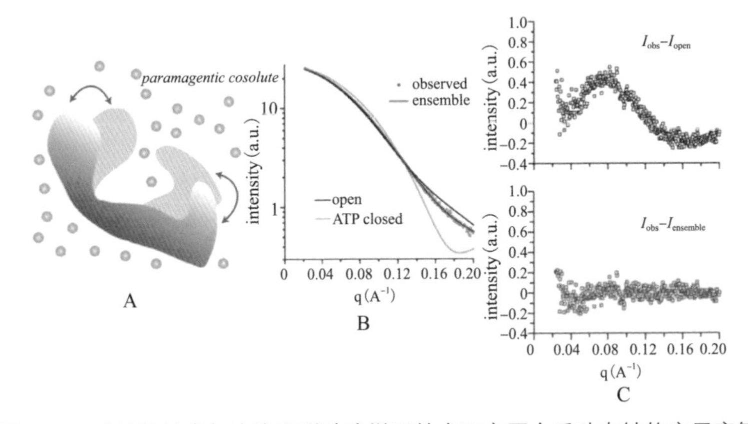

图8-14 SAXS技术与溶液顺磁弛豫增强技术研究蛋白质动态结构应用实例

综上所述，随着同步辐射光源和SAXS数据处理方法的发展和改进，通过与其他高分辨率结构生物学检测技术，如晶体X射线衍射、核磁共振以及冷冻电镜技术等的有效结合，SAXS将在结构生物学领域，特别是研究多结构域蛋白质和超大复合物的溶液结构及功能调节中发挥更大的作用。

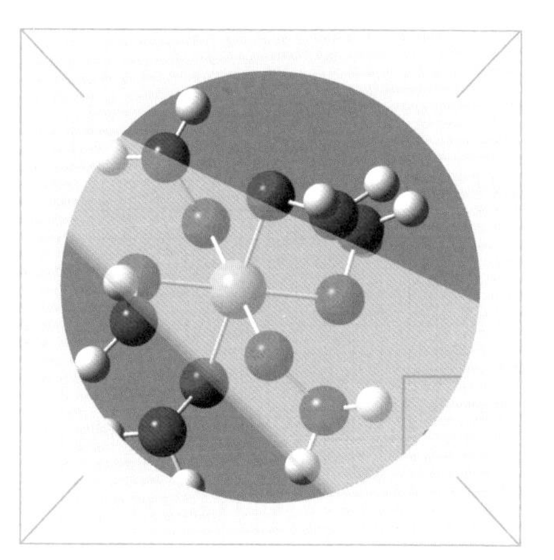

第九章 红外线站：黑暗中的探照灯

国家蛋白质科学研究（上海）设施的红外线站是国内第一个基于第三代同步辐射光源的红外谱学实验线站。同步辐射红外光源具有光谱范围宽、亮度高等优势。红外光谱技术是一种研究物质结构和组成的有力工具。结合高性能的同步辐射红外光源与传统的傅里叶变换红外光谱技术，红外线站可以进行高空间分辨率和高时间分辨率的同步辐射红外谱学研究。

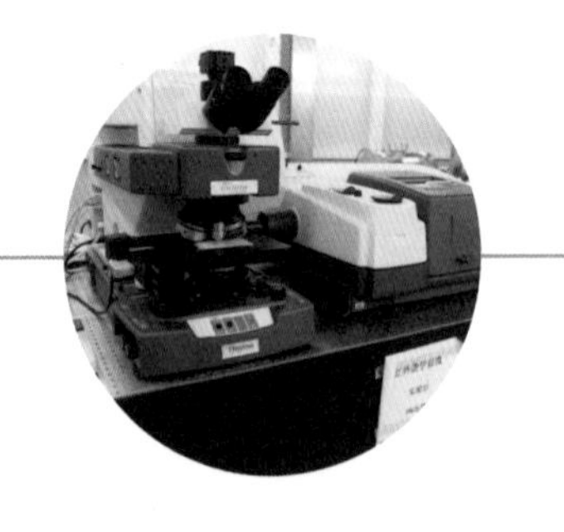

同步辐射傅里叶变换红外光谱技术就像一盏大功率的探照灯，照亮了万紫千红的分子世界。

1 红外光谱的发展史

提到牛顿，大家的第一印象多半是这位伟大的英国科学家被苹果砸中，从而提出了万有引力理论。实际上，牛顿带给我们的远不止这些。1666年，牛顿证实了一束白光可分为不同颜色的可见光，并且引入了“光谱”的概念，从此为人类打开了光谱研究的大门。100多年以后，英国科学家威廉·赫歇尔（William Herschel）发现了在可见光区域的红色末端之外存在人们肉眼看不见的辐射，这种辐射被称为红外光（红外线）。

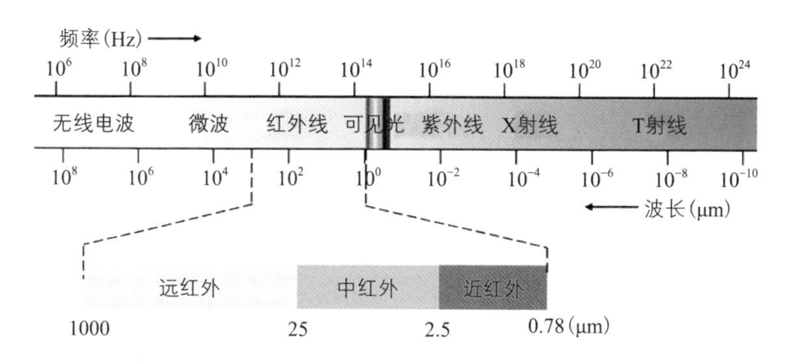

图9-1 红外光的波长和在光谱中的位置

赫歇尔被誉为“恒星天文学之父”，他的主要成就是对天王星、太阳、星云和银河系结构等做了卓越的研究工作。他发现红外辐射的过程十分偶然。1800年，赫歇尔为了观察太阳黑子测试滤光片，当使用红色滤光片时，他发现产生了很多热量。他使太阳光透过一个棱镜，并在后面用温度计进行测量，结果发现了在可见光谱红色末端外的红外辐射。红外光的波长大于可见光而小于微波，可分为近红外、中红外和远红外波段，它们的波长范围分别为0.78—2.5微米、2.5—25微米和25—1000微米。

经过科学家们数十年的努力，1881年，红外光第一次被用于研究分子结构。英国科学家威廉·阿布尼（William Abney）和爱德华·罗伯特·费斯汀（Edward Robert Festing）研究了许多有机和无机化合物的红外吸收光谱，推论出不同吸收峰与特定官能团的相关性，比如硝基苯中硝基的红外吸收峰范围在1330—1530波数。当时他们主要采取照相的方式采集红外光谱，所能测量的红外光谱范围较窄。后来，随着测辐射热仪的发展，所能观测的光谱范围越来越广。20世纪初，科学家已开始研制红外光谱仪。20世纪50年代，珀金-埃尔默公司制造出第一台低成本的商业化双光束红外光谱仪，极大地促进了红外光谱技术的发展和普及。

红外光谱仪的发展得益于迈克尔逊干涉仪和傅里叶变换技术的发展。当波长连续的红外光通过迈克尔逊干涉仪时，每一种单色光都会发生干涉，并且产生干涉光，这样无数个单色干涉光就组成了红外光干涉图，干涉图经过傅里叶变换即可得到样品的单光束光谱。与之前的技术相比，现代的傅里叶变换红外光谱技术已经十分成熟，得到的红外谱图信噪比更高，重现性更好，扫描速度更快。我国从20世纪70年代开始引进傅里叶变换红外光谱仪，现在很多高校、科研机构、企业都配备了傅里叶变换红外光谱仪。

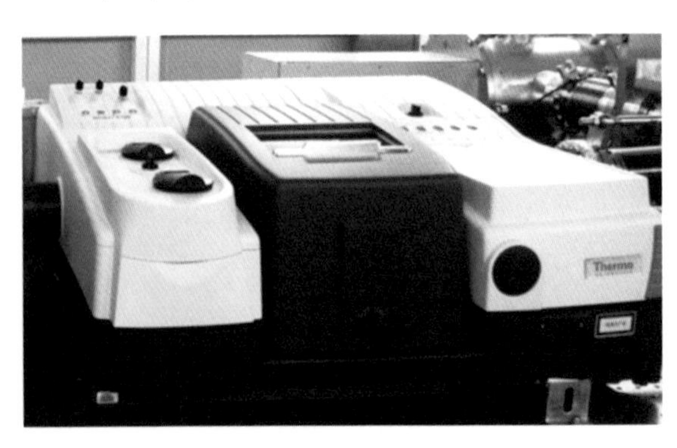

图9-2 典型的商用傅里叶变换红外光谱仪（Nicolet 6700）

傅里叶变换红外光谱技术已经发展成为一种应用十分广泛的分析技术，这一技术的发展离不开红外光源技术的发展。红外光按波长可分为近红外、中红外和远红外三个波段，要覆盖整个红外波段的光谱，对光源的要求非常高。目前多数中红外光源使用碳硅棒光源（Globar），如果需要测量近红外或远红外波段的光谱，一般需要切换其他的光源。

随着同步辐射光源的发展，人们开始尝试使用同步辐射光源进行红外分析。1986年，日本的极端紫外光实验设施（UVSOR）和美国布鲁克海文国家实验室的国家同步辐射光源（NSLS）开始使用同步辐射红外光来进行表面科学和固体物理学的研究。世界上第一个同步辐射红外显微光谱实验站于1993年在NSLS建成。到目前为止，多数国家的同步辐射装置都建设有同步辐射红外线站，进一步扩展了同步辐射红外光谱技术（SR-FTIR）的应用，使我们能够得到更多的物质结构和组成信息。

国家蛋白质科学研究（上海）设施在上海光源建立的红外线站，是上海光源第一个，也是目前唯一一个红外线站。同步辐射红外光谱技术究竟运用了什么原理？它是如何扩展我们对物质结构的认知，促进生命科学研究的发展的呢？接下来让我们一起更深入地探索它的前世今生。

2 光谱的产生：完美的耦合

红外光谱的产生离不开分子内振转能级与红外光频率之间巧合又必然的耦合。我们日常生活中常见的物质即使在宏观上处于静止状态，它们内部的分子也无时无刻不在运动。例如，水分子（H_2O）就有三个平动自由度、三个转动自由度和三个振动自由度。图9-3所示为水分子的三个简正振动模式，分别是对称伸缩振动、弯曲振动和反对称伸缩振动。分子的运动能量包括平动能、转动能、振动能和电子能。从量子力学的角度讲，分子振动、转动和电子运动都是量子化的，都存在能级间隔，这些间隔决定了分子与红外光相互作用时吸收何种频率的光子，同时也决定了分子内官能团的特征吸收峰的位置。

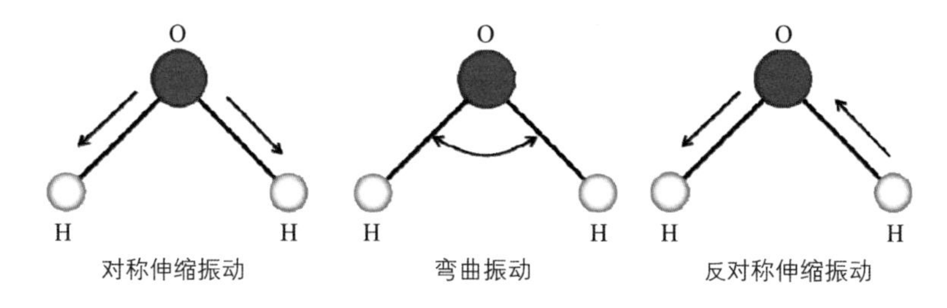

图9-3 水分子（H_2O）的简正振动模式

俗话说“无巧不成书”，红外光是波长范围在0.78—1000微米的电磁波，在这么广的波段范围内，许多频率都与分子内的振转能级间隔相当，这就使得人们可以用它来研究很多种化合物的结构。当一束连续波长的红外光照射样品时，样品中的分子会选择性地吸收特定波长的红外光，并发生偶极矩的变化，产生振动和转动能级的跃迁，此时检测器检测到的光信号就会携带样品中的分子结构信息，再经过一系列的数学变换，便可以转换成一张信息直观且丰富的红外光谱。科学家通过解析包含多个特征峰的红外谱图，便可获得物质的组成和分子结构信息。

由于分子的转动能级间隔较小，因此分子吸收能量较低的低频光便可以发生转动能级间的跃迁，所以分子的纯转动光谱出现在远红外区。而振动能级间隔较大，分子中原子间的振动能级跃迁所需要的能量更高，所以振动光谱出现在中红外区。电子能级之间的间隔比振转能级间隔大得多，所以电子能级之间的跃迁频率在紫外可见区域，不属于红外光谱的范围。

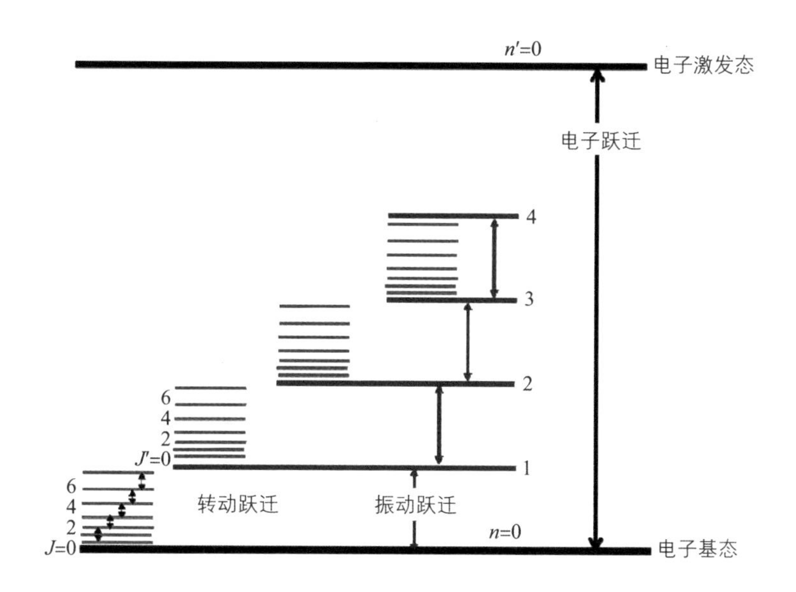

图9-4 分子量化能级示意图

典型的傅里叶变换红外光谱的纵坐标可以是透过率，也可以是吸光度。吸光度在一定范围内与样品的厚度和浓度成正比，可用于定量分析。红外光谱中的横坐标一般是波数，被吸收的红外光的波数位置处会出现红外吸收峰。每种化合物内不同化学键或官能团都有自己的特征吸收峰，横坐标上峰的位置与纵坐标上峰的强度都反映了这种化合物的组成，样品分子可以吸收多种波长的光，因此在测得的红外光谱中就会出现多个吸收峰。就像每个人都有自己独特的指纹，警察能够通过指纹寻找犯罪分子，科技工作者可以通过样品分子的特征吸收峰来判断物质的成分和分子的结构。红外光谱技术可以用来检测液体、固体和气体等不同形态的样品，并且无须化学标记，所以不会对样品造成损伤。

红外光谱实验站一般由红外光谱仪主机、计算机和数据输出系统组成，如图9-5所示。傅里叶变换红外光谱仪是红外光谱实验站的主体部分，决定了其各项性能指标。红外光谱仪包括红外光源、光阑、干涉仪、样品室、探测器、红外反射镜、氦氖激光器、控制电路板和电源，同时还配备有不同模式下所需要的各种附件，例如衰减全反射（Attenuated Total Reflection，简称ATR）附件、漫反射附件、镜面反射附件、红外显微镜、傅里叶变换拉曼光谱附件等。

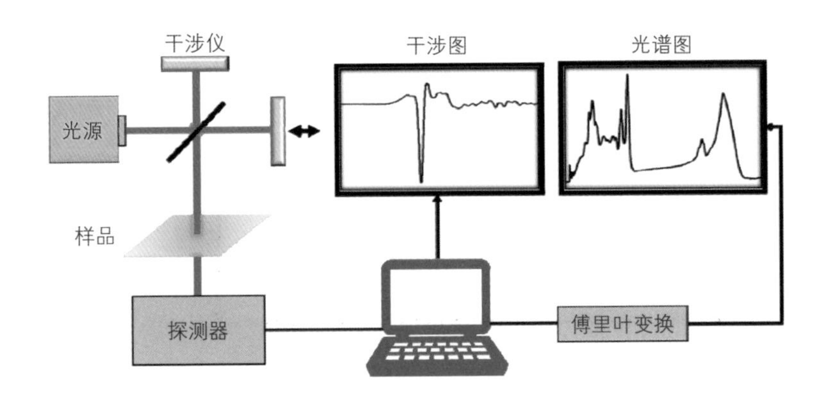

图9-5 红外光谱实验站结构图

目前中红外波段红外光源多采用碳硅棒或者陶瓷光源，其他还有量子级联激光器（QCLs）光源等，不过测试近红外或远红外波段的红外光谱时往往需要更换光源。随着同步辐射技术的发展，同步辐射红外光较宽的光谱范围已经能覆盖从近红外到远红外甚至太赫兹的范围。红外光谱仪中光阑的作用是控制光通量的大小，一般分为连续可变光阑和固定孔径光阑，用来控制仪器的检测灵敏度和分辨率。干涉仪是傅里叶变换红外光谱仪的核心部分，主要由动镜、定镜和分束器三个部分组成，决定了光谱仪的最高分辨率和其他多项性能指标。检测器主要用于检测与样品相互作用后红外干涉光的信号，检测器的检测灵敏度越高，噪声越低，响应速度越快，测量范围越宽，检测器的性能越好。目前实验室中常用的主要有氘代硫酸三苷肽（DTGS）检测器、汞镉锑（MCT）检测器，还有焦平面阵列（FPA）检测器等。

3 脱颖而出：同步辐射红外光谱

红外光源就像一个手电筒，照亮了许多人们肉眼看不见的领域。传统的红外光源，例如碳硅棒、斯托灯、高压汞灯等，都有一定的局限性，比如谱宽较窄、亮度欠佳等。要想更好地利用红外光谱技术，必须研制更先进的光源和设备。同步辐射红外光源弥补了传统光源的局限，它具有亮度高、光谱范围宽和脉冲特性等优势，它的能量、聚焦性能、偏振性和可调谐性能也是其他光源不可比拟的。同步辐射红外光的亮度是传统红外光源的100—1000倍，光谱范围覆盖从近红外到远红外和太赫兹波段。

将同步辐射红外光的优点与传统的傅里叶变换红外分析方法结合到一起的同步辐射傅里叶变换红外光谱技术是一种相对新颖的实验手段。实验证明，在研究具有特征红外吸收的分子及化学键的信息时，尤其是在研究有机物、生物物质，浓度较低、尺寸微小或者活体的样品时，同步辐射红外技术能够提供信噪比更高的红外光谱。同步辐射傅里叶变换红外光谱技术还能够通过时间分辨装置以及同步辐射红外光源特定的时间结构特性研究各类物理、生物和化学反应的动态变化过程。同步辐射傅里叶变换红外光谱显微与成像技术也是一种无损检测生物、有机物等的有效手段，可以用来研究非均相样品中化合物的分布，并且具有较高的分辨率，以及较高的信噪比，其工作流程如图9-6所示。

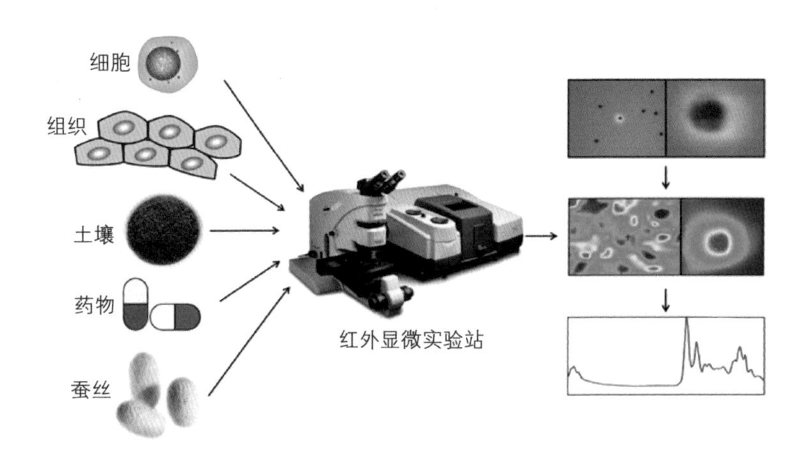

图9-6 SR-FTIR显微成像技术工作原理示意图

由于同步辐射红外光源的高亮度特性，与显微镜结合以后，能够达到更高的空间分辨率。传统的红外光源由于亮度低，当光阑孔径设到微米量级时，光子通量会大大降低，采集到的红外谱图的信噪比很低。而同步辐射红外光源的发散性很小，亮度高，所以即使将光阑孔径降到10微米以下，也可以得到信噪比较高的红外谱图。这就像是给人们提供了一个更加明亮的手电筒，使得人们对更小样品（比如头发、蚕丝等）的化学组成和结构能够看得更加精细和清晰。

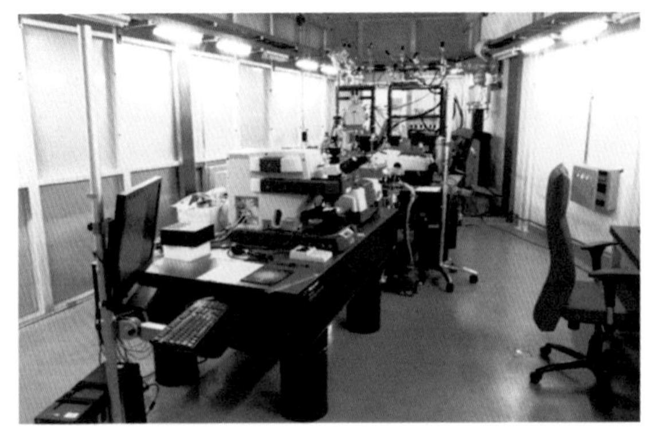

图9-7 国家蛋白质科学研究（上海）设施红外线站内部

国家蛋白质科学研究（上海）设施红外线站位于上海光源内部，它是一线两站的设计，目前共建有两个实验站，分别为时间分辨红外光谱实验站和红外显微谱学与成像实验站。

上海设施红外线站主

要包含光束线、实验站和控制系统三部分。光束线部分包含光源、前端和光路部分，主要由真空腔体和一系列的光学元件组成。它们的主要作用是将同步辐射红外光从同步辐射光源的电子储存环中引出，在光路中经过反射和聚焦的传输，使红外辐射分别进入两个实验站中。实验站为傅里叶变换红外光谱仪、光学平台、红外显微镜和检测器等各类实验设备所在的部分，不同的同步辐射红外谱学研究在两个实验站中分别进行。控制系统可以对光束线中各关键光学元件和真空系统进行实时监测和控制，并且可以实现光路的调整和信号的优化。实验站的控制、数据采集和处理通过实验站计算机和光谱仪及其他设备的配套软件进行。

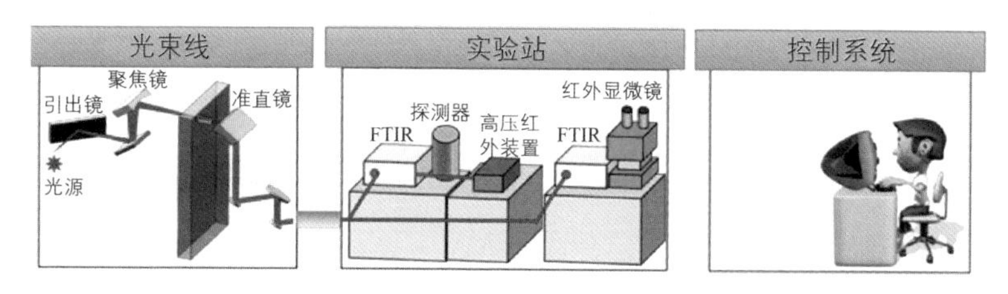

图9-8 国家蛋白质科学研究（上海）设施红外线站布局示意图

上海设施时间分辨红外光谱实验站主要利用步进扫描（step-scan）技术和同步辐射的时间结构特性，使用傅里叶变换红外光谱仪进行实验，研究各类生物、化学和物理等动力学过程。该实验站的光谱范围为10—10000波数，时间分辨能力可达10纳秒。通过更换光束线末端的真空窗片，可进行远红外、中红外和近红外各波段的红外谱学研究。可选的三种窗片为CaF_2（氟化钙）、KBr（溴化钾）和PE（聚乙烯），其应用范围分别是近红外、中红外和远红外波段。

上海设施时间分辨红外光谱实验站的关键设备是一个Nicolet 8700傅里叶变换红外光谱仪，置于光学隔振平台上，配置有步进扫描时间分辨测量系统，以及氘代硫酸三苷肽、汞镉锑和硅微测辐射热计（Si-Bolometer）多种高灵敏探测器，来进行高分辨的时间分辨红外谱学和远红外甚至太赫兹波段的研究。该实验站中，还建设有高压低温实验平台，可进行高压和低温的极端条件下的原位分子光谱研究。

上海设施红外显微谱学与成像实验站主要利用同步辐射红外光高亮度的特性来进行微小样品的显微与成像研究，结合红外显微镜系统和傅里叶变换红外光谱仪进行实验。该实验站的红外光的光谱范围为600—10000波数，可达理论上衍射极限的分辨率，主要用于中红外波段的红外显微谱学和成像研究，也可用于近红外实验研究。该实验站的关键设备是一台Nicolet 6700傅里叶变换红外光谱仪和一台Continuμm红外显微镜。同时，还配备有高灵敏度的汞镉锑检测器、近红外检测器和显微衰减全反射等附件。

图9-9 国家蛋白质科学研究（上海）设施时间分辨红外光谱实验站

上海设施红外线站还配备有各种辅助设备，来帮助用户进行样品预处理、样品保存和实验准备，使得固体、液体、气体等多种形态的样品都能够在红外线站得到很好的实验结果。这些辅助设备包括莱卡冷冻切片机、Linkam冷热台、压力感应型衰减全反射附件、金刚石压池、除湿机、固体池、液体池、气

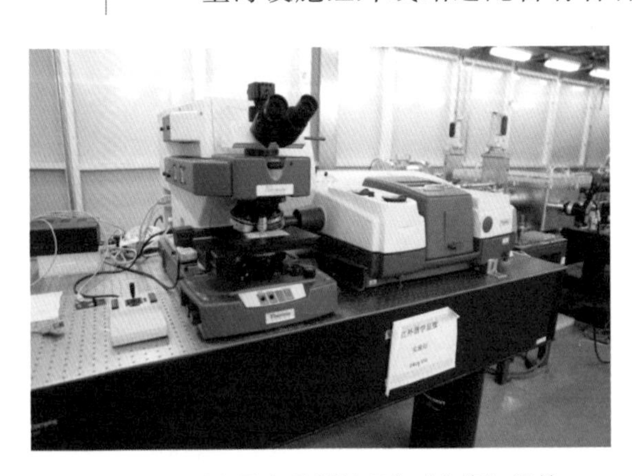

图9-10 国家蛋白质科学研究（上海）设施红外显微谱学与成像实验站

体池、生物组织包埋机、常温切片机、压片机、磨片机、干燥柜、小离心机、4℃及−20℃冰箱、光学显微镜、干燥器等。

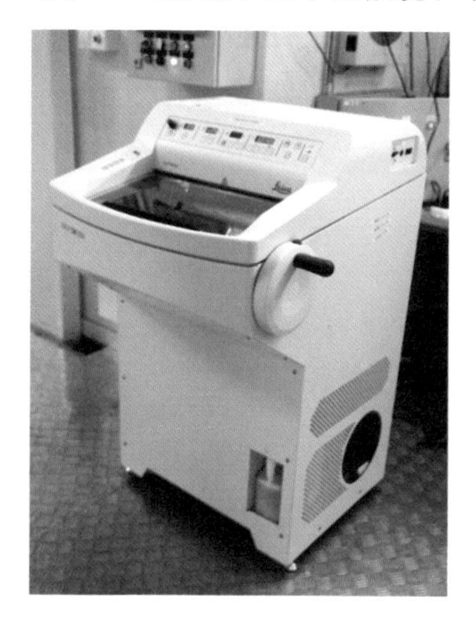

图9-11 国家蛋白质科学研究（上海）设施红外线站莱卡冰冻切片机

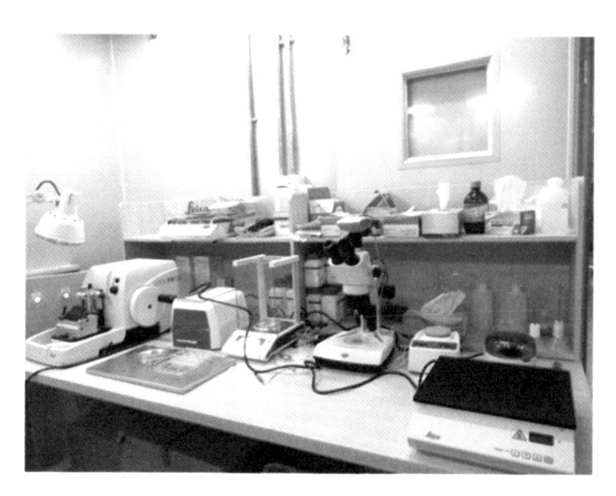

图9-12 国家蛋白质科学研究（上海）设施红外线站其他部分辅助设备

上海设施红外线站总体指标位于世界同类红外线站的先进行列，可以充分发挥同步辐射红外光谱技术的优势，拓展红外光谱技术的应用。

4 万紫千红："探照灯"的应用

牛顿曾经说过："我好像是在海边玩耍，时而发现一个光滑的石子，时而发现一个美丽的贝壳而为之高兴的孩子。尽管如此，那真理的海洋还神秘地展现在我的面前。"如果说同步辐射红外光谱技术的诞生是一个"美丽的贝壳"，那它的应用就像是科学家们探索知识的海洋，可以使我们在海洋里看得更清晰、更精彩。同步辐射红外光谱可以应用在生命科学、蛋白质科学、医学、高分子科学、地球科学、化学、农业科学、化学动力学、纳米科学和考古学等领域中，帮助这些领域的科学家们看得更仔细、更深入。

上海设施红外线站于2015年1月1日开始对外试运行，2015年7月28日通过国家验收正式运行。红外线站自开放以来，用户不断增加，2015年度用户机时4055小时，2016年度用户机时4756.5小时。来自全国各大高校和研究所的多个课题组使用线站设施开展研究，取得了诸多研究成果。

在生命科学领域，同步辐射红外光谱技术可以采集多种环境条件下的生物化学物质的红外光谱图，所以可以利用它来进行动物细胞、植物细胞、动植物组织红外显微成像研究，以及药物释放过程的监控和生物化学过程的时间分辨研究。一般来说，单个生物细胞的直径范围在5—30微米，传统的红外显微光谱仪对这种大小的样品进行研究所得到的谱图质量明显比同步辐射红外光谱的谱图质量差。使用高亮度、发散度小的同步辐射红外光源能够得到更优质的谱图，使科学家们可以进行高精度的细胞及组织红外成像。

生物组织内的蛋白质、核酸、磷脂、糖类等重要成分都在红外区内有明显的特征吸收，这些生物化学分子成为使用同步辐射红外光谱技术对细胞、亚细胞、组织结构和功能等进行研究的重要对象。例如，对人体器官组织切片进行显微成像和对比分析，可以用来研究正常组织和病变组织的差异，对疾病诊断和治疗有重要作用。同时，同步辐射红外光不是时间连续的光，而是具有一定时间结构的脉冲光，其脉冲宽度在几十皮秒到几十纳秒之间可调，脉冲间隔可小到纳秒，所以可以对快速的生物化学反应进行高时间分辨的动力学研究。

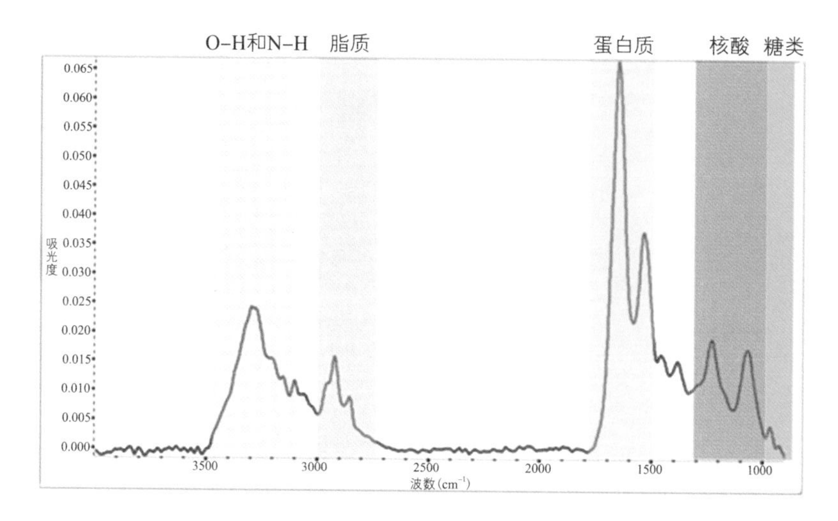

图9-13 一个典型的生物细胞的同步辐射红外吸收谱图

研究者具体是如何应用上海设施红外线站来解决相应领域的科学问题的呢？下面用几个具体例子来简单介绍该项技术在疾病研究、先进材料制备、环境保护、药物化学和太阳能电池材料方面取得的显著成果。

在细胞生物学方面，同步辐射红外光谱技术能够对细胞中的主要生物大分子进行高分辨、无标记、无损伤的红外检测。上海应用物理研究所的研究人员使用上海设施红外线站对间充质干细胞进行了研究。这一研究使得人类对人体脂肪组织的发展过程有了更深入的认识，对于研究人体新陈代谢疾病，比如肥胖症、2型糖尿病、异常血脂症等都有重要意义。

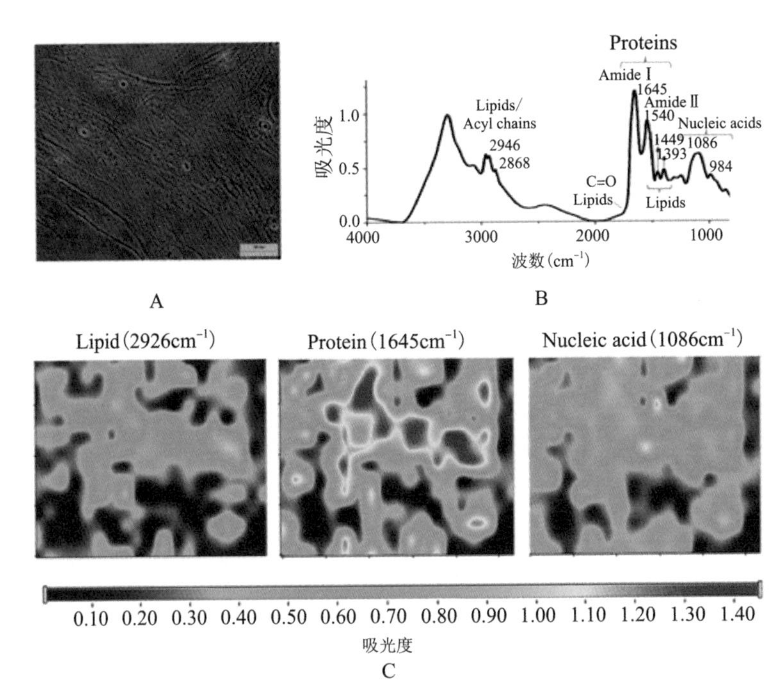

图9-14 使用同步辐射红外技术研究间充质干细胞

在蛋白质科学领域，同步辐射红外光谱技术可以用来分析蛋白质的二级结构及动力学性质。蛋白质的二级结构是多肽链本身通过氢键沿一定方向盘绕、折叠而形成的构象，例如α-螺旋、β-折叠、β-转角、无规则卷曲等，这类结构在蛋白质生理活性过程中发挥着重要的作用。另外，同步辐射红外光不会对动植物细胞、有机物、生物组织等样品造成损伤，也不需要标记和染色，所以可以对无染色、无标记的生物样品进行无损伤的检测，并且获得它们的组成和生物分子的结构信息。

蜘蛛拖丝具有优异的机械性能，很多科学家致力于研制出具有同样性能或者更优性能的人造丝纤维。如复旦大学的研究人员使用上海设施红外线站对蜘蛛丝蛋白和再生丝蛋白纤维进行了研究，深入阐释了天然动物丝纤维与人工再生丝蛋白纤维的微观结构、性质与丝蛋白的二级结构的相互联系，这对于指导科技工作者研发出高性能的丝纤维及其他聚合物材料有重要意义。

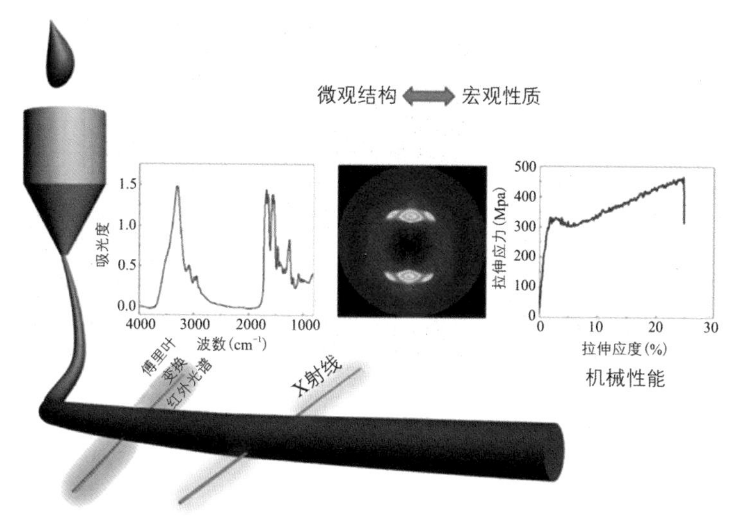

图9-15 使用同步辐射红外显微技术研究再生丝蛋白纤维

南京大学的研究人员使用上海设施红外线站，并结合其他手段，对重金属、矿物和土壤中有机组分的相互作用进行了研究，阐释了铜与土壤内有机质中各类官能团的络合机制，这对研究铜元素在环境中的毒性和迁移等问题有重要意义。

上海设施红外线站在药物薄膜、药物微球等方面的研究中也有重要应用。上海药物研究所的研究人员使用红外线站研究了渗透泵型控释片剂薄膜中的水合诱导材料转移过程。渗透泵片是基于半透膜涂层的一种良好的口服给药系统。该研究组使用同步辐射红外技术研究了微小区域的药物薄膜中不同组分的化学分布，为研究半透膜控制的渗透泵片系统的药物释放机制提供了有价值的信息。这对科学家们研发新型药物和了解药物在人体中的释放机理有重要意义。

上海设施红外线站可用于研究有机-无机杂化钙钛矿这种新型光伏材料。这是一种制造太阳能电池的新型发光材料，具有低成本、高效能的优点，应用前景十分广阔。

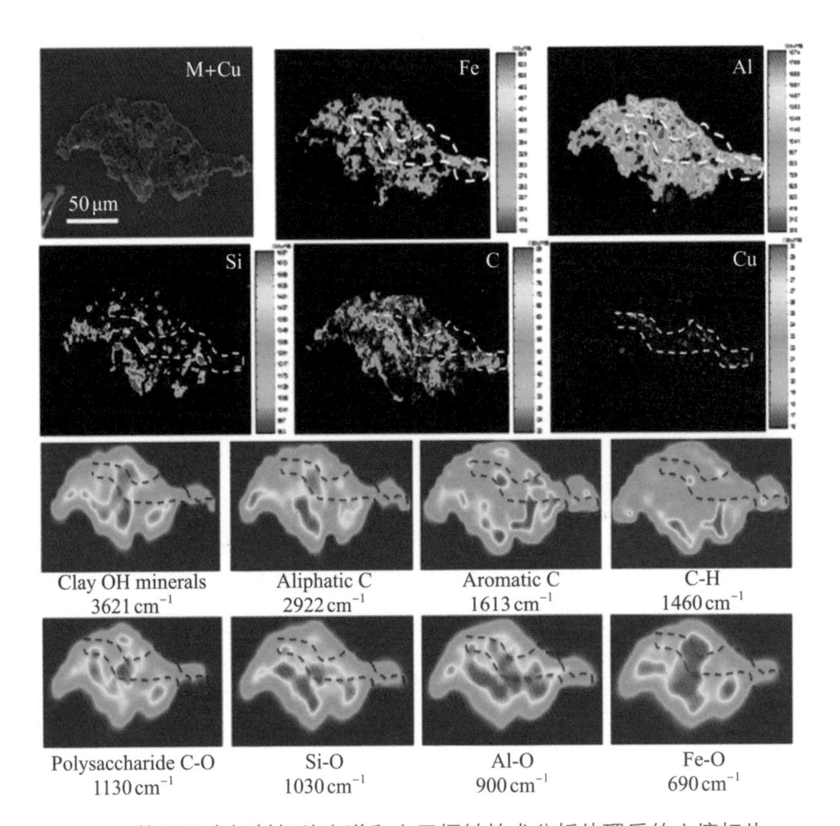

图9-16 使用同步辐射红外光谱和电子探针技术分析处理后的土壤切片

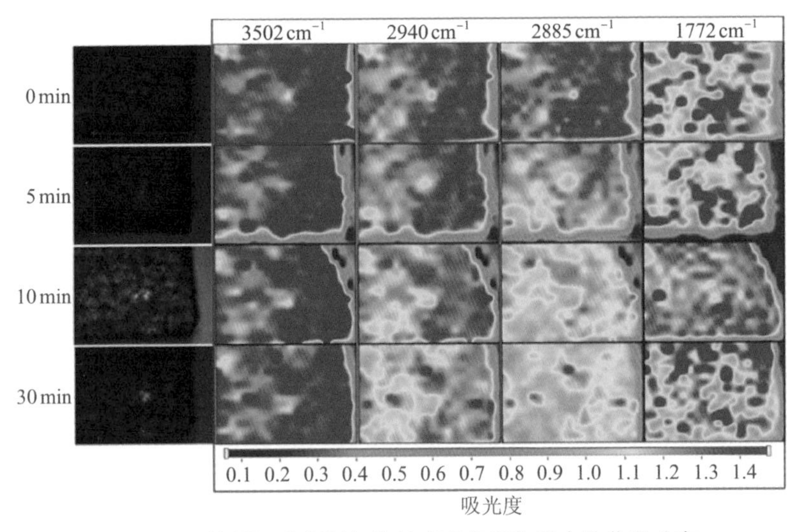

图9-17 使用同步辐射红外技术研究药物膜中的化学分布

除了细胞生物学、蛋白质科学、环境科学、药物化学、高压科学等领域外，同步辐射红外光谱技术在高分子材料科学、地球科学、医学、化学、动力学、纳米科学、考古学等领域也有诸多应用。当然，机遇与挑战总是并存的，同步辐射红外光谱技术在取得这些成果的同时，还有许多问题等待着研究者们去探索。同步辐射红外光谱技术的产生和发展就像给我们打开了一扇认识新世界的大门，同时它也给了我们一盏高分辨率的红外“探照灯”，在它的帮助下，这个新的世界看起来将更加万紫千红。

第十章 结语

生命体是最复杂的物质运动形式，其结构和功能跨越10个数量级的时空尺度，并且紧密关联和相互影响。人类终有一天将理解生命的本质，驾驭着混沌之力，乘风前行!

解码生命的利器。

蛋白质在生命体中是无处不在的，作为生命活动的具体执行者，蛋白质与生命信息的记录者——核酸一起创造了生机勃勃的多彩世界。蛋白质的研究历程可以说就是人类了解生命、追求健康的自我认知过程。在人类文明的初期，火的发现和利用催生了最古老的蛋白质加工技术——蛋白质加热变性。这是人类从茹毛饮血转向摄取熟食的革命性事件。用火烧这种在今天看来平淡无奇的烹饪方式，使得洪荒时期的人类可以获得更容易消化吸收的能量，同时大大降低了受到有害微生物侵袭的风险，从而给予了人类适应环境的巨大优势。可以说，这是我们最终得以走向进化顶端的关键一环。

对蛋白质复杂结构功能、相互作用关系和动态变化规律的深入认识，是从分子、细胞和生物整体等多个层面系统地揭示生命现象的本质的主要手段，也是人类了解自然和人类自身的基础生物学问题之一。在深入认识蛋白质的功能机制的基础上，人类开始对蛋白质本身和所处的微环境进行精准的示踪和调控，从“认识自然”迈向“改造自然”。人类历史上对生命现象本质的认识，几乎全部来自对蛋白质的研究，例如对核糖体的研究，从分子水平上清晰地阐明了所有生物蛋白质产生的本源；对聚合酶的研究，构建了所有生物基因复制过程的分子模型；对G蛋白偶联受体（GPCR）的研究，奠定了对生物功能信号传导的分子基础，还有对绿色荧光蛋白、Toll样受体等的研究。这些在蛋白质研究方面取得的突破，无一例外都是人类探索生命的重大里程碑。

扫码看视频

过去10年，特别是近5年间，自由电子激光技术、高分辨率电子显微镜技术、化学生物学、新型蛋白质组学技术等一批蛋白质研究的技术、方法取得重大突破，推动了蛋白质、蛋白质复合物以及超级复合体等蛋白质的研究。特别是自由电子激光技术、高分辨率电子显微镜技术等的突破，直接推动了蛋白质研究从分子蛋白质研究向细胞蛋白质研究等高维度研究的发展。

蛋白质研究正在快速从单一蛋白质分子，向蛋白质复合物、超大蛋白质研究转变，特别是超大蛋白质复合体发挥功能的分子机制、其细胞内定位，以及对蛋白质在细胞、生物体等更高维度和复杂度的体系中进行“在体”研究，已成为目前国际蛋白质研究领域的核心的前瞻性方向。化学生物学等新兴学科的快速发展，高灵敏度质谱仪等探测技术的发展，为蛋白质研究提供了全新的思路。化学生物学、生物影像学以及新型生物质谱等新兴学科的发展，也给蛋白质研究带来了重要的发展契机，成为今后10年国际相关领域的前沿方向。

我国的蛋白质研究起步整体晚于欧美，虽然出现过人工全合成结晶牛胰岛素这样的世界级成就，但总体而言，我们这一领域的科研长期处于跟踪和学习世界领先国家的水平。“工欲善其事，必先利其器。”为了让我国蛋白质科学研究事业获得强大且持久的技术推动力量，我国投入巨资建设了国家蛋白质科学研究（上海）设施。这是集蛋白质科学技术之大成的一个大科学装置。该装置既有观察蛋白质机器如何装配的“电子之眼”，又有发挥X射线“洪荒之力”一探蛋白质精细结构的光束线站，还有见微知著记录蛋白质“指纹”的质谱侦探仪器……

近年来，我国科学家在蛋白质科学领域取得了一系列重大突破。例如，我国科学家利用冷冻电镜三维重构技术，成功解析了30纳米染色质左手双螺旋高清晰三维结构。DNA双螺旋结构模型是生物学领域最为关键的成就，但DNA必须进一步由组蛋白缠绕并形成染色质才能发挥功能。对30纳米染色质纤维超大复合体的高级结构进行研究一直是现代分子生物学领域面临的最大挑战之一，也是最基本的分子生物学问题之一。我国科学家在国际上首次解析了30纳米染色质左手双螺旋高清晰三维结构，为研究染色质结构建立的分子基础、表观遗传调控等提供了基础信息，被国际同行认为是“目前为止解析的最有挑战性的结构之一”，“在理解染色质如何装配这个问题上迈出了重要的一步”。

再如，甲型肝炎是一种重要的人类病原体，全世界每年有140多万的感染病例。我国科学家首次阐明了甲型肝炎病毒的高精度三维结构，揭示了病毒与受体结合、入侵宿主细胞等关键的基础生物学问题，对进一步解析甲型肝炎灭活病毒疫苗的免疫原性和保护机理具有重要意义，为抗肝炎病毒药物的研发提供了理论指导和新方向。

又如，GPCR蛋白是人体中极为关键的信号传导分子。几乎所有重要的生物学信号过程、重要疾病的发生过程都和GPCR的功能密切相关，GPCR同时也是针对癌症、肿瘤、糖尿病等多种疾病的重要靶点。我国科学家系统研究了GPCR介导信号的分子机制，提出了针对特定GPCR蛋白进行合理药物设计的机制，对GPCR相关的基础生物学问题的研究和药物开发起到了重要的推动作用。

蛋白质研究已经成为人类探索生命、认识自身的基础科学问题，同时也是事关国家生物安全、粮食安全、公共卫生、医药、

图10-1 欧盟生物信息中心

农业和绿色产业发展等方面的重大科学研究领域，是集科学与技术、基础和应用于一身的国际生命科学和医学研究的最前沿领域，是目前世界主要科技国家在生命科学和医学领域激烈争夺的制高点。

图10-2 结构生物学研究设施

图10-3 生物分子资源库

国家蛋白质科学研究(上海)设施大事记

2008年11月　国家发展和改革委员会批复项目建议书，国家蛋白质科学研究（上海）设施工程建设设计启动。

2010年7月　国家发展和改革委员会批复国家蛋白质科学研究（上海）设施可行性研究报告。

2010年12月　中国科学院与上海市举行国家蛋白质科学研究（上海）设施开工仪式，工程建设进入实施阶段。

2013年6月　建筑工程基本结束，国家蛋白质科学研究（上海）设施第一台设备在海科路园区进入调试运行。

2013年12月　国家蛋白质科学研究（上海）设施线站部完成束线指标的内部测试。

2014年2月　国家蛋白质科学研究（上海）设施技术部基本完成设备安装、调试。

2014年4月　国家蛋白质科学研究（上海）设施通过工艺测试。

2014年5月　国家蛋白质科学研究（上海）设施通过工艺设备验收。

2014年6月　国家蛋白质科学研究（上海）设施通过工艺验收。

2014年11月 国家蛋白质科学研究（上海）设施与上海光源正式启动筹建“中国科学院上海大科学中心”。

2014年12月 国家蛋白质科学研究（上海）设施全面开放，向全国用户发出服务（课题）申请征集通知。

2015年3月 国家蛋白质科学研究（上海）设施通过建安、财务、档案专业组验收。

2015年5月 国家蛋白质科学研究（上海）设施通过工艺鉴定。

2015年7月 国家蛋白质科学研究（上海）设施通过国家验收，标志着这一探索生命奥秘的“国之利器”正式“亮剑出鞘”。

2016年9月 国家蛋白质科学研究（上海）设施第一届全国用户学术大会成功举办，吸引了全国56家单位共280位专家和用户代表参会。

2016年11月 依托上海光源和国家蛋白质科学研究（上海）设施的“中国科学院上海大科学中心”通过验收。

2017年9月 国家蛋白质科学研究（上海）设施加入张江实验室。

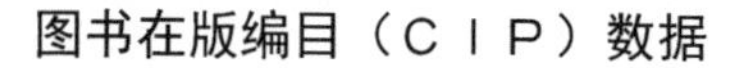

图书在版编目（CIP）数据

解码生命的利器 ：国家蛋白质科学研究（上海）设施 / 雷鸣主编. -- 杭州 ：浙江教育出版社，2017.12
中国大科学装置出版工程
ISBN 978-7-5536-6766-9

Ⅰ. ①解… Ⅱ. ①雷… Ⅲ. ①蛋白质－研究机构－介绍－中国 Ⅳ. ①Q51-24

中国版本图书馆CIP数据核字(2017)第322760号

策　　划　周　俊　莫晓虹
责任编辑　王凤珠　张小飞　　责任校对　余晓克
美术编辑　韩　波　　　　　　责任印务　陈　沁

中国大科学装置出版工程
解码生命的利器——国家蛋白质科学研究(上海)设施

ZHONGGUO DAKEXUE ZHUANGZHI CHUBAN GONGCHENG
JIEMA SHENGMING DE LIQI——GUOJIA DANBAIZHI KEXUE YANJIU(SHANGHAI) SHESHI

雷　鸣　主　编

出版发行　浙江教育出版社
　　　　　(杭州市天目山路40号　邮编:310013)
图文制作　杭州兴邦电子印务有限公司
视频摄制　上影集团上海科教电影制片厂
印　　刷　杭州富春印务有限公司
开　　本　710mm×1000mm　1/16
印　　张　14
插　　页　2
字　　数　280 000
版　　次　2017年12月第1版
印　　次　2017年12月第1次印刷
标准书号　ISBN 978-7-5536-6766-9
定　　价　45.00元

联系电话:0571-85170300-80928
网　　址:www.zjeph.com